公路环境影响与保护

李广涛　刘海英　张智鹏　编著

人民交通出版社股份有限公司

北　京

内 容 提 要

本书针对公路环境现状、特点以及环境保护相关法规政策要求,较全面地论述了公路对环境的影响,主要包括公路建设期和运营期对生态环境、声环境、环境空气、水环境、固体废物、社会环境、景观、环境敏感区等环境要素的影响,提出了环境保护措施。

本书可作为公路管理部门、建设单位、设计单位、施工单位人员以及公路交通行业环境保护科研人员参考用书,对其他行业环境保护工作人员也具有借鉴作用。

图书在版编目(CIP)数据

公路环境影响与保护 / 李广涛,刘海英,张智鹏编著. — 北京:人民交通出版社股份有限公司,2023.10
ISBN 978-7-114-18769-8

Ⅰ.①公… Ⅱ.①李… ②刘… ③张… Ⅲ.①公路—环境保护 Ⅳ.①X322

中国国家版本馆 CIP 数据核字(2023)第 083937 号

Gonglu Huanjing Yingxiang yu Baohu

书　　名:	公路环境影响与保护
著 作 者:	李广涛　刘海英　张智鹏
责任编辑:	潘艳霞
责任校对:	孙国靖　卢　弦
责任印制:	张　凯
出版发行:	人民交通出版社股份有限公司
地　　址:	(100011)北京市朝阳区安定门外外馆斜街 3 号
网　　址:	http://www.ccpcl.com.cn
销售电话:	(010)59757973
总 经 销:	人民交通出版社股份有限公司发行部
经　　销:	各地新华书店
印　　刷:	北京市密东印刷有限公司
开　　本:	787×1092　1/16
印　　张:	12.5
字　　数:	220 千
版　　次:	2023 年 10 月　第 1 版
印　　次:	2023 年 10 月　第 1 次印刷
书　　号:	ISBN 978-7-114-18769-8
定　　价:	80.00 元

(有印刷、装订质量问题的图书,由本公司负责调换)

本书编写委员会

主　　编：李广涛

副 主 编：刘海英　张智鹏

编写人员：刘长兵　吴世红　周　斌　李东昌　许　刚
　　　　　李皑菁　金辉虎　王志明　冯志强　姚海波
　　　　　杨秀妍　葛丽燕　韩　健　李美玲　罗小凤
　　　　　姚爱冬　姚　兵　侯　瑞　李　阳　李长东
　　　　　曹丽华　李铭铭　郑　颖

前言

交通运输是国民经济中基础性、先导性、战略性产业和重要的服务性行业，必须全面贯彻落实绿色发展理念，为实现生态文明建设目标提供有力支撑。实施绿色公路建设是公路行业落实创新、协调、绿色、开放、共享五大发展理念，推进"四个交通"发展的生动实践和有力抓手。改革开放以来，我国公路建设实现了跨越式发展，取得了巨大成就。党的十八大以来，生态文明建设已经纳入中国特色社会主义建设"五位一体"总体布局。2014年，交通运输部提出加快推进"综合交通、智慧交通、绿色交通、平安交通"发展的战略决策，为交通运输的科学发展指明了方向。以全面实施绿色公路建设作为推进绿色交通发展的切入点，推动公路建设持续健康发展，打造交通行业生态文明建设的亮丽名片。

当前，绿色公路建设要以统筹资源利用、集约节约资源、降低能源耗用为重点，从规划设计、施工组织及运营维护等多个方面进行统筹考虑，在整个公路建设过程中融入节约资源、降低能耗的绿色理念。公路建设不可避免要对原有生态系统产生影响，包括减少耕地面积、改变水系结构以及破坏原生植被等。应加强设计、施工、运营、养护等各阶段的环境保护工作，实现最大程度地保护、最低程度地影响、最有力度地自然恢复，实现公路与环境、社会的健康可持续发展。总之，绿色公路建设应统筹资源利用，实现集约节约，加强生态保护，注重自然和谐。

交通运输部天津水运工程科学研究院从事交通运输生态环境保护工作近三十年，开展了大量公路环境影响评价、竣工环境保护验收调查、生态敏感区专项论证、环境风险评估以及生态修复、环境污染治理工程等咨询论证和技术研究工作，研究成果有力支撑了本书的编撰工作。本书较全面、系统、深入地阐述了绿色交通顶层设计引领和要求等,并采用理论、技术方法与典型环境敏感区案例分析相结合形式,从生态环境、声环境、环境空气、水环境、固体废物、社会环境、景观、环境敏感区等方面,论述了公路建设期和运营期的环境影响与环境保护措施,以期为绿色公路建设出微薄之力,为公路交通工作者提供交通运输环境保护技术和知识。

由于作者的水平有限,书中难免会出现不足之处,敬请各位读者批评指正。

作　者

2023 年 1 月

目录

第一章　公路环境影响概述 ……………………………… 001
第一节　公路工程 …………………………………………… 002
第二节　公路环境保护重要性 ……………………………… 003
第三节　公路环境保护标准规范 …………………………… 008
第四节　公路建设期和运营期环境影响 …………………… 010

第二章　公路生态环境保护 ……………………………… 013
第一节　生态环境现状 ……………………………………… 014
第二节　公路对生态环境的影响 …………………………… 018
第三节　生态环境保护措施 ………………………………… 027

第三章　公路声环境保护 ………………………………… 047
第一节　声环境质量现状 …………………………………… 048
第二节　公路对声环境影响 ………………………………… 048
第三节　噪声污染防治措施 ………………………………… 051

第四章　公路环境空气保护 ……………………………… 055
第一节　环境空气质量现状 ………………………………… 056
第二节　公路对环境空气影响 ……………………………… 056
第三节　环境空气污染防治措施 …………………………… 058

第五章　公路水环境保护 ······ 061

　第一节　水环境质量现状 ······ 062
　第二节　公路对水环境影响 ······ 063
　第三节　水环境污染防治措施 ······ 065

第六章　公路固体废物处置 ······ 069

　第一节　固体废物对环境的影响 ······ 070
　第二节　固体废物处置措施 ······ 070

第七章　公路社会环境保护 ······ 073

　第一节　公路对社会环境影响 ······ 074
　第二节　社会环境保护措施 ······ 074

第八章　公路景观保护 ······ 077

　第一节　公路建设对景观影响 ······ 078
　第二节　公路绿化对景观影响 ······ 078
　第三节　公路构筑物对景观影响 ······ 079

第九章　公路环境敏感区环境保护 ······ 081

　第一节　公路对自然保护区影响 ······ 082
　第二节　公路对风景名胜区的影响 ······ 124
　第三节　公路对森林公园的影响 ······ 128
　第四节　公路对地质公园影响 ······ 135
　第五节　公路对水产种质资源保护区的影响 ······ 142
　第六节　公路对饮用水源地影响 ······ 146
　第七节　公路对文物的影响 ······ 152

第十章　公路环境保护监督管理 …… 155
第一节　施工期环境管理 …… 156
第二节　运营期环境管理 …… 158

第十一章　公路环境风险应急 …… 159
第一节　环境风险事故影响 …… 160
第二节　环境风险应急体系建设 …… 163
第三节　环境事件应急预案 …… 164

第十二章　公路网规划环境保护 …… 169
第一节　生态环境现状 …… 170
第二节　公路网规划建设环境影响 …… 172
第三节　公路网规划布局环境优化 …… 173
第四节　环境敏感区环境保护措施 …… 176
第五节　节约资源措施 …… 179
第六节　生态环境保护措施 …… 180

参考文献 …… 182

第一章

公路环境影响概述

由于公路建设工程整体规模较大,公路交通在建设期和运营期对环境都会产生一定影响,但两个阶段所产生的影响特点不同,其中建设期公路工程属于生态类建设工程,公路建设期对生态环境影响显著;运营期公路工程污染类工程,噪声污染是公路运营期的显著特点。为了践行绿色公路生态公路,国家制定了相关绿色交通法规政策。

第一节 公 路 工 程

截至 2021 年底,全国公路总里程 528.07 万 km,公路密度 55.01km/100km^2。二级及以上等级公路里程 72.36 万 km,其中高速公路里程 16.91 万 km。国道里程 37.54 万 km,省道里程 38.75 万 km,农村公路里程 446.60 万 km。

公路是指连接城市之间、城乡之间、乡村与乡村之间等按照国家技术标准修建的道路,主要供汽车行驶并具备一定技术标准和设施。

公路建设规模:主要包括路基、路面、交叉工程、桥梁、通道、涵洞、隧道、附属服务设施、连接线等。公路建设占地包括永久性占地和临时性占地。

公路等级:按照交通功能分为干线公路、集散公路和支线公路。干线公路分为主要干线公路和次要干线公路,集散公路分为主要集散公路和次要集散公路。公路根据交通特性及控制干扰的能力分为高速公路、一级公路、二级公路、三级公路及四级公路等五个技术等级。

公路选线:主要确定路线基本走向、路线走廊带、路线方案至选定线位的全过程。公路选线应遵循原则:应考虑同农田与水利建设、矿产资源开发和城市发展等规划;充分利用建设用地、严格保护农用耕地;应保护生态环境,并同当地景观协调;应尽可能避让不可移动文物、水源地和自然保护区等生态保护红线。公路改扩建工程应注重节约资源,坚持利用与改扩建相结合的原则,合理、充分利用原有工程。

公路路基:高速公路、一级公路的路基标准横断面分为整体式和分离式两类。整体式路基标准横断面由车道、中间带、路肩等部分组成。分离式路基标准横断面由车道、路肩等部分组成。二级公路路基的标准横断面应由车道、路肩(硬路肩、土路肩)等部分组成。三级公路、四级公路路基的标准横断面应由车道、路肩等部分组成。高速公路、一级公路一般整体式断面见图 1-1,路基标准宽度见表 1-1。

公路用地:用地范围为公路路堤两侧排水沟外边缘(无排水沟时为路堤或护坡道坡脚)以外,或路堑坡顶截水沟外边缘(无截水沟为坡顶)以外不小于 1m 范围内的土地;在有条件的地段,高速公路和一级公路不小于3m、二级公路不小于2m范围内的土地为公路用地范围。公路占地规模按照《公路工程项目建设用地指标》设计。

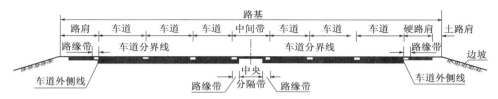

图 1-1 高速公路、一级公路一般整体式断面示意图

路基标准宽度(单位:m) 表 1-1

地形	高速公路		一级公路	二级公路	三级公路	四级公路
	六车道	四车道				
平原微丘区	35.00	28.00	25.50	12.00	8.50	7.00
山岭重丘区	—	24.50	22.50	8.50	7.50	6.50

公路沿线设施:主要包括收费站、服务区、停车区、客运汽车停靠站、养护工区等。其中服务区之间的间距宜为50km,停车区与服务区或两停车区之间的间距宜为15~25km。

第二节 公路环境保护重要性

党的十八大把生态文明建设纳入中国特色社会主义事业"五位一体"总体布局,明确提出大力推进生态文明建设,努力建设美丽中国,实现中华民族永续发展。突出生态文明建设在"五位一体"总体布局中的重要地位,党和国家从全局和战略高度解决日益严峻的生态矛盾,确保生态安全,加强生态文明建设的坚定意志和坚强决心。

党的十九大报告明确提出了推进绿色发展,建立健全绿色低碳循环发展的经济。着力解决突出环境问题,持续实施大气污染防治、加快水污染防治、强化土壤污染管控和修复、加强固体废弃物和垃圾处置。加大生态系统保护力度,实施重要生态系统保护和修复重大工程,开展水土流失综合治理,强化湿地保护和恢复,严格保护耕地等,为今后生态文明建设指明了方向。

交通运输是国民经济中基础性、先导性、战略性产业和重要的服务性行业,必须全面贯彻落实绿色发展理念,为实现生态文明建设目标提供有力支撑。中共中央、国务院印发的《交通强国建设纲要》《国家综合立体交通网规划纲要》将绿色交通作为主要发展目标和重要建设内容之一。面对立足新发展阶段,贯彻新发展理念,交通运输领域的生态文明建设面临新的形势和机遇，必须坚持"生态优先，绿色发展"的总要求，重点强化生态保护与修复，削减污染排放总量，促进资源节约集约利用，注重节能和低碳发展，不断提升交通运输绿色发展能力和水平。

2019年9月，中共中央、国务院印发了《交通强国建设纲要》，将绿色发展作为交通强国建设的重要任务，明确提出要促进资源集约利用、强化节能减排和污染防治。在九大任务体系中明确了"七、绿色发展节约集约、低碳环保"重点任务，强调促进资源节约集约利用，强化节能减排和污染防治，强化交通生态环境保护修复。具体任务为：①促进资源节约集约利用。加强土地、海域、无居民海岛、岸线、空域等资源节约集约利用，提升用地用海用岛效率。加强老旧设施更新利用，推广施工材料、废旧材料再生和综合利用，推进邮件快件包装绿色化、减量化，提高资源再利用和循环利用水平，推进交通资源循环利用产业发展。②强化节能减排和污染防治。优化交通能源结构，推进新能源、清洁能源应用，促进公路货运节能减排，推动城市公共交通工具和城市物流配送车辆全部实现电动化、新能源化和清洁化。打好柴油货车污染治理攻坚战，统筹油、路、车治理，有效防治公路运输大气污染。严格执行国家和地方污染物控制标准及船舶排放区要求，推进船舶、港口污染防治。降低交通沿线噪声、振动，妥善处理好大型机场噪声影响。开展绿色出行行动，倡导绿色低碳出行理念。③强化交通生态环境保护修复。严守生态保护红线，严格落实生态保护和水土保持措施，严格实施生态修复、地质环境治理恢复与土地复垦，将生态环保理念贯穿交通基础设施规划、建设、运营和养护全过程。推进生态选线选址，强化生态环保设计，避让耕地、林地、湿地等具有重要生态功能的国土空间。建设绿色交通廊道。

2021年2月，中共中央、国务院印发了《国家综合立体交通网规划纲要》，提出在高质量发展方面推进绿色发展。在"工作原则"中，明确提出"创新智慧、安全绿色"。坚持创新核心地位，注重科技赋能，促进交通运输提效能、扩功能、增动能。推进交通基础设施数字化、网联化，提升交通运输智慧发展水平。统筹发展和安全，加强交通运输安全与应急保障能力建设。在"发展目标"中，明确提出绿色集约，到2035年，综合运输通道资源利用的集约化、综合化水平大幅提高。基本实现交通基础设施建设全过程、全周期绿色化。单位运输周转量能耗不断降低，二氧化碳排放强度比2020年显著下降，交通污染防治达到世界先进水平。在"主要任务"中，明确提出"推进综合交通高质量发展"，推进绿色低碳发展。促进交通基础设施与生态空间协调，最大限度保护重要生态功能区、避让生态环境敏感区，加强永久基本农田保护。实施交通生态修复提升工程，构建生态化交通网络。加强科研攻关，改进施工工艺，从源头减少交通噪声、污染物、二氧化碳等排放。加大交通污染监测和综合治理力度,加强交通环境风险防控,落实生态补偿机制。优化调整运输结构,推进多式联运型物流园区、铁路专用线建设,形成以铁路、水运为主的大宗货物和集装箱中长距离运输格局。加强可再生能源、新能源、清洁能源装备设施更新利用和废旧建材再生利用,促进交通能源动力系统清洁化、低碳化、高效化发展,推进快递包装绿色化、减量化、可循环。

"十三五"以来,交通运输行业认真贯彻习近平生态文明思想,交通运输部发布了一系列绿色交通指导性文件,如《交通运输节能环保"十三五"发展规划》《交通运输行业"十三五"控制温室气体排放工作实施方案》《绿色交通"十四五"发展规划》《交通运输部关于印发推进交通运输生态文明建设实施方案》(交规发〔2017〕45号)、《交通运输部关于全面深入推进绿色交通发展的意见》(交政研发〔2017〕86号)、《交通运输部关于全面加强生态环境保护坚决打好污染防治攻坚战的实施意见》(交规划发〔2018〕81号)、《关于实施绿色公路建设的指导意见》(交办公路〔2016〕93号)等十余项,绿色交通建设顶层设计初步形成,并制定了一系列指引发展方向的文件,努力把绿色发展理念深度融入交通运输发展的各方面和全过程,为行业绿色发展提供了政策依据。

2017年4月1日,交通运输部印发了《交通运输部关于印发推进交通运输生态文明建设实施方案》(交规划发〔2017〕45号),其中建设原则"全面推进,重点突破",将绿色发展融入交通运输全过程;"节约优先,保护优先",就是将资源节约集约利用和保护生态环境放在优先位置。重点任务"优化交通运输结构",重点完善综合交通运输结构,鼓励多式联运运输服务模式,提高资源利用效益;"加强交通运输生态保护和污染综合防治",针对公路要求生态保护和修复理念贯彻规划建管养运全过程,重点提出要生态选线选址,避开自然保护区、水源保护区等生态环境敏感区,加强植被、水土流失、公路边坡、取弃土场等保护与生态修复,并要求高速公路服务区的污水处理和循环利用,污水处理率和达标排放率均达100%;"推进交通运输资源节约循环利用",要求合理选线选址和充分利用既有走廊,节约土地资源占用,严控占用耕地,要求废旧沥青、工业废料、疏浚土、建筑垃圾等综合利用;"强化交通运输生态文明综合治理能力",以"全生命周期"统筹考虑环境效益,建立绿色交通评价体系,组织创建绿色公路示范工程,为交通绿色发展提供借鉴。

2017年11月27日,交通运输部印发了《交通运输部关于全面深入推进绿色交通发展的意见》(交政研发〔2017〕186号)(以下简称《意见》),其中基本原则"生态优先,绿色发展",就是把绿色生态发展摆在更加突出位置,"重点突破,系统推进",针对绿色交通发展制约性强、群众反映突出的重点领域和关键环节,加大生态环保治理力度。发展目标不仅明确了到2020年阶段目标,并具体明确了运输结构、组织方式、绿色出行、资源利用、清洁生产、污染排放、生态保护七个方面的发展目标,且远景到 2035 年绿色交通发展目标,而《交通运输部关于印发推进交通运输生态文明建设实施方案》(交规发〔2017〕45)发展目标仅规划到 2020 年。在七大重大工程内容也重点围绕发展目标来推进实施,"运输结构优化工程"明确统筹交通基础设施布局和优化旅客货运运输结构;"运输组织创新工程"明确提高多式联运等高效运输组织方式;"交通运输资源集约利用工程"提高交通基础设施用地效率、资源综合循环利用、节能环保技术;"交通运输污染防治工程"强化船舶和港口污染防治和营运货车污染排放的源头管控;"交通基础设施生态保护工程"提出生态保护理念贯穿交通基础设施全过程,开展绿色公路创建活动,落实生态补偿机制,公路边坡植被防护,公路沿线绿化美化行动,特别提到早期建设不能满足生态保护要求的交通基础设施,推进生态修复工程建设,结合国省道改扩建工程推进取弃土场生态恢复、动物通道建设和湿地连通修复。特别是涉及自然保护区、风景名胜区等生态敏感区的国省道改扩建工程,改善路域沿线生态环境。"加快构建绿色交通发展制度保障体系"强调加快构建绿色交通规划政策体系、完善绿色交通标准体系、绿色交通科技创新体系。总体上,《意见》明确了绿色交通的总体要求和发展目标,提出了全面推进实施绿色交通发展七大工程和构建绿色交通发展三大制度保障体系。《意见》深入贯彻习近平新时代中国特色社会主义思想,紧紧围绕交通强国建设目标,提出了未来一段时期全面深入推进绿色交通发展的行动纲领。

2018 年 6 月 26 日,交通运输部印发了《交通运输部关于全面加强生态环境保护坚决打好污染防治攻坚战的实施意见》(交规划发〔2018〕81 号),其中,"建设绿色交通基础设施"具体任务,提出坚持保护优先、自然恢复为主,通过优化交通基础设施布局来节约资源,重点提到探索开展国家公路线位控制规划,提高国家公路线位资源利用效率。将绿色发展理念贯穿于交通基础设施全过程,推动绿色公路建设等,重点提出推动贫困地区交通绿色发展,推动贫困地区交通旅游融合发展。"推广清洁高效的交通装备"具体任务,主要推广新能源和清洁能源的应用,以及完善加气充电配套设施的配套。"推进交通运输创新发展"具体任务,提出充分发挥科技创新、管理创新、模式创新等引领绿色交通发展。"打好调整运输结构攻坚战"重点调整公、铁、水运输结构,优化多式联运、甩挂运输等运输组织,发挥各种运输方式的比较优势,提高综合交通运输体系的效率。"打好柴油货车等污染防治攻坚战"重点是加强柴油货车、船舶、港口等污染防治,推进交通运输节能减排低碳发展,其中明确加强公路路域环境污染防治,高速公路服务区环境整治,严禁利用公路边沟排放污物等行为。

2016 年 7 月 20 日,交通运输部印发了《关于实施绿色公路建设的指导意见》(交办公路〔2016〕93号),明确了绿色公路的发展思路和建设目标,提出了五大建设任务,决定开展五个专项行动,推动公路建设发展转型升级。在"指导思想"中提出重点在"资源节约、生态环保、节能高效、服务提升"四方面为绿色公路主要特征内涵。在"基本原则"中强调资源利用、全过程环保、全寿命周期成本等。任务"统筹资源利用,实现集约节约"中提到,绿色公路首先要资源集约节约,明确了选线、路堤路堑、临时工程等土地资源保护以及废旧材料循环利用。"加强生态保护,注重自然和谐",从设计、施工、运养全过程提出保护生态环境具体要求。"着眼周期成本,强化建养并重",围绕质量耐久性,从全寿命周期成本理念提出设计、施工、养护相关要求。"实施创新驱动,实现科学高效",主要从创新管理、科技支撑等方面推进绿色公路建设。"完善标准规范,推动示范引领",明确制定绿色公路相关标准规范,如出台《绿色公路建设技术指南》,全面指导绿色公路建设,并通过打造绿色公路示范工程,推广绿色建设经验和成果。开展绿色公路建设五个专项行动,是在五大任务的基础和结合绿色公路的特征要素与主导方向上提出的,以行动促转型,以行动促落实。

交通运输部高度重视绿色交通标准化工作,对绿色交通标准体系建设及标准制修订工作进行了重要部署。2022年,交通运输部办公厅发布《绿色交通标准体系(2022年)》(交办科技〔2022〕36号),初步建立绿色交通标准体系,基本建立覆盖全面、结构合理、衔接配套、先进适用的绿色交通标准体系。综合交通运输和公路、水路领域节能降碳、污染防治、生态环境保护修复、资源节约集约利用标准供给质量持续提升。绿色交通标准适应加快建设交通强国,推动加快形成绿色低碳运输方式,支撑引领碳达峰碳中和、深入打好污染防治攻坚战等交通运输行业重点任务实施的作用更加突出。绿色交通标准体系共收录242项绿色交通国家标准和行业标准。此外,标准体系还列出了与交通运输行业节能降碳、污染物排放和生态环境保护密切相关的国家标准、生态环境行业标准43项,以促进绿色标准的协同实施。绿色交通标准体系的修订实施将进一步推动交通运输领域节能降碳、污染防治、生态环境保护修复、资源节约集约利用方面标准补短板、强弱项、促提升,加快形成绿色低碳运输方式,促进交通与自然和谐发展,为加快建设交通强国提供有力支撑。

2021年,交通运输部发布了《公路"十四五"发展规划》,规划总体要求的基本原则之一,就是绿色集约、安全发展。牢固树立生态优先理念,坚持集约节约利用土地等资源,加强节能减排和生态功能恢复,促进公路交通与自然和谐共生。坚持总体国家安全观,统筹发展和安全,牢固树立红线意识和底线思维,将安全发展理念融入公路交通发展各方面和全过程。在重大任务"(七)推进公路绿色发展"中明确提出贯彻落实绿色发展理念,推动公路交通与生态保护协同发展,继续深化绿色公路建设,促进资源能源节约集约利用,加强公路交通运输领域节能减排和污染防治,全面提升公路行业绿色发展水平。强化生态保护与修复,切实加强生态保护,牢固树立生态优先理念。促进资源节约集约利用,统筹利用通道线位资源。加强节能减排和污染防治,强化碳排放控制。

2021年,交通运输部发布了《绿色交通"十四五"发展规划》,规划基本原则为生态优先,绿色发展。系统推进,重点突破。创新驱动,优化结构。多方参与,协同共治。到2025年,交通运输领域绿色低碳生产方式初步形成,基本实现基础设施环境友好、运输装备清洁低碳、运输组织集约高效,重点领域取得突破性进展,绿色发展水平总体适应交通强国建设阶段性要求。在主要任务首先提出优化空间布局,建设绿色交通基础设施。强化交通建设工程生态选线选址,将生态环保理念贯穿交通基础设施规划、建设、运营和维护全过程。深化绿色公路建设方面,强调推进新开工的高速公路全面落实绿色公路建设要求。强化公路生态环境保护工作,做好原生植被保护和近自然生态恢复、动物通道建设、湿地水系连通等工作,降低新改(扩)建工程对重要生态系统和保护物种的影响。完善生态环境敏感路段跨河桥梁排水设施建设及养护。加强服务区污水、垃圾等污染治理,鼓励老旧服务区开展节能环保升级改造,新建公路服务区推行节能建筑设计和建设。提高交通基础设施固碳能力,到2025年,湿润地区高速公路及普通国省干线公路可绿化里程绿化率达到95%以上,半湿润区达到85%以上。在西北、华北等干旱缺水地区,鼓励高速公路服务区、枢纽场站等污水循环利用和雨水收集利用。提出公路路面材料循环利用,积极应用路面材料循环再生技术。工业固体废物和隧道弃渣循环利用,应用煤渣、粉煤灰、炼钢炉渣和城市建筑废弃物等作为公路路基材料。

第三节　公路环境保护标准规范

为了降低或缓解公路对环境的影响,使公路生态环境保护健康可持续发展,建设单位和管理单位必须严格执行相关环境标准规范,如环境质量标准、污染物排放标准和环保设施设计规范等要求。

其中,环境质量标准分别为《地表水环境质量标准》(GB 3838—2002)、《农田灌溉水质标准》(GB 5084—2021)、《环境空气质量标准》(GB 3095—2012)、《声环境质量标准》(GB 3096—2008)、《声环境功能区划分技术规范》(GB/T 15190—2014)。

污染物排放标准分别为《污水综合排放标准》(GB 8978—1996)、《汽车维修业水污染物排放标准》(GB 26877—2011)、《大气污染物综合排放标准》(GB 16297—1996)、

《锅炉大气污染物排放标准》（GB 13271—2014）、《饮食业油烟排放标准（试行）》（GB 18483—2001）、《建筑施工场界环境噪声排放标准》（GB 12523—2011）、《工业企业厂界环境噪声排放标准》（GB 12348—2008）、《一般工业固体废物贮存和填埋污染控制标准》（GB 18599—2020）、《危险废物贮存污染控制标准》（GB 18597—2001）。

水土流失标准分别为《生产建设工程水土保持技术标准》（GB 50433—2018）、《生产建设工程水土流失防治标准》（GB/T 50434—2018）

环境影响评价规范分别为《规划环境影响评价技术导则　总纲》（HJ 130—2019）、《建设工程环境影响评价技术导则　总纲》（HJ 2.1—2016）、《环境影响评价技术导则　地表水环境》（HJ 2.3—2018）、《环境影响评价技术导则　大气环境》（HJ 2.2—2018）、《环境影响评价技术导则　地下水环境》（HJ 610—2016）、《环境影响评价技术导则　声环境》（HJ 2.4—2009）、《环境影响评价技术导则　生态影响》（HJ 19—2011）、《环境影响评价技术导则　土壤环境（试行）》（HJ 964—2018）、《建设工程环境风险评价技术导则》（HJ 169—2018）、《公路建设项目环境影响评价规范》（JTG B03—2006）、《建设项目竣工环境保护验收技术规范　公路》（HJ 552—2010）。

绿色交通标准体系中共颁布了124项相关标准规范，其中，绿色公路标准规范包括《公路环境保护设计规范》（JTG B04—2010）、《公路建设环境影响评价规范》（JTG B03—2006）、《交通运输环境保护统计　第2部分：环境保护资金投入统计指标及核算方法》（JT/T 1176.2—2020）、《交通运输环境保护统计　第1部分：主要污染物统计指标及核算方法》（JT/T 1176.1—2017）、《交通运输环境保护术语　第1部分：公路》（JT/T 643.1—2016）、《公路服务区污水处理设施技术要求　第3部分：曝气生物滤池污水处理系统》（JT/T 1147.3—2020）、《公路服务区污水处理设施技术要求　第1部分：膜生物反应器处理系统》（JT/T 1147.1—2017）、《公路服务区污水处理设施技术要求　第2部分：人工湿地处理系统》（JT/T 1147.2—2017）、《高速公路服务区生物接触氧化法污水处理成套设备》（JT/T 802—2011）、《公路服务区污水再生利用　第2部分：处理系统技术要求》（JT/T 645.2—2016）、《公路服务区污水再生利用　第3部分：处理系统操作管理要求》（JT/T 645.3—2016）、《公路服务区污水再生利用　第1部分：水质》（JT/T 645.1—2016）、《绿色交通设施评估技术要求　第2部分：绿色服务区》（JT/T 1199.2—2018）、《交通运输专项规划环境影响评价技术规范　第1部分：公路网规划》（JT/T 1146.1—2017）、《绿色交通设施评估技术要求　第1部分：绿色公路》（JT/T 1199.1—2018）、《绿色交通设施评估技术要求　第5部分：绿色货运站》（JT/T 1199.5—2022）、《绿色交通设施评估技术要求　第4部分：绿色客运站》（JT/T 1199.4—2022）、《绿色交通设施评估技术要求 第2部分:绿色服务区》(JT/T 1199.2—2018)、《公路路域植被恢复材料 第1部分:植物材料》(JT/T 1108.1—2016)、《公路路域植被恢复材料 第2部分:辅助材料》(JT/T 1108.2—2017)、《公路路域植被恢复材料 第3部分:植物纤维毯》(JT/T 1108.3—2018)、《公路工程土工合成材料 第3部分:土工网》(JT/T 1432.3—2022)、《公路声屏障 第5部分:降噪效果检测方法》(JT/T 646.5—2017)、《公路声屏障 第4部分:声学材料技术要求及检测方法》(JT/T 646.4—2016)、《公路声屏障 第3部分:声学设计方法》(JT/T 646.3—2017)、《公路声屏障 第1部分:分类》(JT/T 646.1—2016)、《公路声屏障 第2部分:总体技术要求》(JT/T 646.2—2016)、《公路绿化设计制图》(JT/T 647—2016)、《道路运输行业节能评价方法》(JT/T 856—2013)、《道路运输企业节能评价方法》(JT/T 857—2013)、《汽车客运站节能评价方法》(JT/T 868—2013)、《汽车货运站(场)节能评价方法》(JT/T 869—2013)、《公路运输能源消耗统计及分析方法》(GB/T 21393—2008)、《柴油车污染物排放限值及测量方法(自由加速法及加载减速法)》(GB 3847—2018)。

第四节　公路建设期和运营期环境影响

一、公路建设期环境影响

公路工程建设主要涉及路基、隧道、桥梁、通道、服务区附属设施等永久工程,以及取土场、弃渣场、砂石料场、拌和站、施工便道等临时工程。其中路基工程的开挖和填筑,主要对土地资源产生直接占压影响,同时对地表植被产生直接影响,对农业生态、森林生态和草原生态等带来一定影响,路基的施工活动将会发生水土流失问题。路面工程需要进行基层、底基层、垫层施工时,在运输、摊铺、压实过程中,施工机械产生的噪声,对周围环境产生一定影响。面层沥青熬炼、搅拌和摊铺过程中产生的沥青烟污染,也将会对大气环境质量产生影响。桥梁工程的桥梁基础采用钻孔灌注桩的方法进行施工,施工过程中产生的主要污染物为泥浆水和钻渣,将会给周围水环境及生态环境造成影响。隧道工程的隧道开挖爆破噪声对声环境有一定影响,隧道涌水的排泄对水环境有一定影响,隧道涌水会引起地下水位下降,对生态环境可能会带来一定影响,施工过程中产生的弃渣和废水将给周围的水环境、生态环境造成一定影响。施工便道将直接对土地资源和水土流失产生影响,在运输过程中的扬尘等将会对环境造成污染。拌和站等施工营地不仅对土地资源产生一定影响,而且施工过程产生的噪声、扬尘和施工人员产生的生活垃圾、生活污水将影响周围环境质量。取土场和石料场主要影响地表植被、土壤结构、自然景观等，对土地资源破坏性较大，石料场对自然景观也将会产生一定影响。砂料场通过采挖砂，对河流水文的影响比较明显，对地表结构的破坏，极易造成水土流失。弃渣场将会侵占土地资源，发生水土流失，影响自然景观。

生态环境：公路工程需要占用较多土地资源，取土场、弃渣场、拌和站等临时工程设施和施工营地的临时房屋均会占用较多土地资源。路基和服务区等附属设施在施工时需要对施工场地表土进行清理，对地表植物都会产生较大影响，施工活动干扰土壤结构，导致水土流失问题。施工活动也将会对沿线野生动物、河流鱼类、野生植物等物种生物多样性产生一定影响。

噪声污染：在公路工程施工中的各类施工筑路机械、爆破作业、拌和站工作等产生噪声，施工中各类运输车辆也会产生噪声，施工噪声不仅对施工人员以及施工区域周边群众生理、心理健康会造成一定影响，而且对施工周围声环境产生噪声污染。

大气污染：公路工程施工中的扬尘以及运输机械尾气会对周围环境空气质量产生一定影响。土石方施工作业，施工土石方、水泥等其他原材料在运输和拌和过程中会产生扬尘和沥青烟。由于施工区域地表裸露，也将会导致二次扬尘。扬尘不仅影响周围环境空气质量，而且对周边植物光合作用也产生一定影响。

废水污染：公路工程施工中的污水主要是隧道、桥梁施工以及机械设备冲洗产生的废水。施工营地的生活污水和拌和站等生产作业废水，生活污水来源主要是厨房、食堂、洗浴废水等。

固体废物污染：公路工程涉及征地拆迁、旧路改建等，将会产生较多建筑垃圾、废旧沥青等固体废物，隧道废渣固体废物以及桥梁桩基础钻孔施工中产生的大量泥浆。施工营地的生活垃圾和其他施工场地的废弃物等。

总体上，公路工程施工期主要对土地资源、植被、水土流失等生态环境产生明显影响。

二、公路运营期环境影响

公路运营期对环境的影响主要表现为车辆交通噪声、车辆尾气、路面径流初期雨污水、服务区生活污水和生活垃圾、路域水土流失等。其中，公路运营期主要关注交通噪声问题，也是产生交通环保投诉的主要因素，由于车辆行驶过程将产生交通噪声污染，特别是货车噪声污染影响更为明显，对周围声环境质量和声环境敏感点产生一定影响，对人们健康造成危害。

运营过程中,主要空气污染源是各种车辆排放的尾气和道路扬尘,而扬尘也会对周围植物光合作用产生一定影响。路面初期雨污水排放也将会对周边水环境产生影响。服务区等辅助设施的锅炉大气污染物排放将会对周围环境空气参数产生一定影响,服务辅助设施的生活污水、生活垃圾也将会对环境产生一些影响。由于道路运输不可避免地有危险品车辆,所以公路运营存在环境风险事故问题,一旦发生危险品泄漏,将会对周边环境质量和人群健康产生危害,特别是跨越水体路段。

总体上,公路运营期交通噪声对周围声环境质量影响较大。

第二章

公路生态环境保护

第一节　生态环境现状

一、全国生态系统概况

2015年11月13日,环境保护部和中国科学院印发《全国生态功能区划(修编版)》的公告,摘引有关我国生态系统空间分布情况内容。我国地处欧亚大陆东南部,位于北纬4°15′~53°31′,东经73°34′~135°5′,自北向南有寒温带、温带、暖温带、亚热带和热带5个气候带。地貌类型十分复杂,由西向东形成三大阶梯,第一阶梯是号称"世界屋脊"的青藏高原,平均海拔在4000m以上;第二阶梯从青藏高原的北缘和东缘到大兴安岭—太行山—巫山—雪峰山一线之间,海拔在1000~2000m之间;第三阶梯为我国东部地区,海拔在500m以下。我国气候和地势特征奠定了我国森林、灌丛、草地、湿地、荒漠、农田、城市等各类陆地生态系统发育与演变的自然基础,以及我国社会经济发展的空间格局。

森林生态系统:我国森林面积为190.8万km^2,森林覆盖率为20.2%。我国森林生态系统主要分布在我国湿润、半湿润地区,其中,东北、西南与东南地区森林面积较大。从北到南依次分布的典型森林生态系统类型有寒温带针叶林、温带针阔叶混交林、暖温带落叶阔叶林、亚热带常绿阔叶林和温性针叶林、热带季雨林、雨林等。

灌丛生态系统:我国灌丛面积为69.2万km^2,占全国国土面积的7.3%,主要类型有阔叶灌丛、针叶灌丛和稀疏灌丛。其中,阔叶灌丛集中分布于华北及西北山地,以及云贵高原和青藏高原等地,针叶灌丛主要分布于川藏交界高海拔区及青藏高原,稀疏灌丛多见于塔克拉玛干、腾格里等荒漠地区。

草地生态系统:我国草地包括草甸、草原、草丛,面积为283.7万km^2,占全国国土面积的30.0%。温带草甸主要分布于内蒙古东部,高寒草甸主要分布在青藏高原东部。温带草原主要分布于内蒙古高原、黄土高原北部和松嫩平原西部,温带荒漠草原主要分布在内蒙古西部与新疆北部,高寒草原与高寒荒漠草原主要分布在青藏高原西部与西北部。草丛主要分布在我国东部湿润地区。

湿地生态系统:我国湿地类型丰富,湿地总面积为35.6万km^2,居亚洲第一位、世界第四位,并拥有独特的青藏高原高寒湿地生态系统类型。在自然湿地中,沼泽湿地为15.2万km^2,河流湿地为6.5万km^2,湖泊湿地为13.9万km^2。

荒漠生态系统:主要分布在我国的西北干旱区和青藏高原北部,降水稀少、蒸发强烈、极端干旱的地区,总面积为127.7万km^2,约占全国国土面积的13.5%,包括沙漠、戈壁、荒漠裸岩等类型。

农田生态系统：我国是农业大国，农田生态系统包括耕地与园地，面积为181.6万km^2，占全国国土面积的19.2%，主要分布在东北平原、华北平原、长江中下游平原、珠江三角洲、四川盆地等区域。耕地包括水田和旱地，其中水田以水稻为主，旱地以小麦、玉米、大豆和棉花等为主。园地包括乔木园地和灌木园地，乔木园地主要包括果园以及海南、云南等地热作园，灌木园地主要包括我国南方广泛分布的茶园。

城镇生态系统：全国城镇生态系统面积为25.4万km^2，占国土面积的2.7%，主要分布在中东部的京津冀、长江三角洲、珠江三角洲、辽东南、胶东半岛、成渝地区、长江中游等地区。

由于数千年的开发历史和巨大的人口压力，我国各类生态系统受到不同程度的开发、干扰和破坏。生态系统退化，涵养水源、防风固沙、调蓄洪水、保持土壤、保护生物多样性等生态系统服务功能明显降低，并由此带来一系列生态问题，区域生态安全面临严重威胁。

二、全国生态功能区

依据《全国生态功能区划（修编版）》中有关我国生态功能区情况，全国生态系统服务功能按重要性划分9个生态功能类型。生态调节功能包括水源涵养、生物多样性保护、土壤保持、防风固沙、洪水调蓄5个类型；产品提供功能包括农产品和林产品提供2个类型；人居保障功能包括人口和经济密集的大都市群和重点城镇群2个类型。全国生态功能区划包括生态功能区242个，其中生态调节功能区148个、产品提供功能区63个，人居保障功能区31个。

水源涵养生态功能区：全国共划分水源涵养生态功能区47个，面积共计256.9万km^2，占全国国土面积的26.9%。其中，对国家和区域生态安全具有重要作用的水源涵养生态功能区主要包括大兴安岭、秦岭—大巴山区、大别山区、南岭山地、闽南山地、海南中部山区、川西北、三江源地区、甘南山地、祁连山、天山等。

水源涵养生态功能区的主要生态问题是人类活动干扰强度大；生态系统结构单一，生态系统质量低，水源涵养功能衰退；森林资源过度开发、天然草原过度放牧等导致植被破坏、水土流失与土地沙化严重；湿地萎缩、面积减少；冰川后退，雪线上升。

生物多样性保护生态功能区：全国共划分生物多样性保护生态功能区43个，面积共计220.8万km^2，占全国国土面积的23.1%。其中，对国家和区域生态安全具有重要作用的生物多样性保护生态功能区主要包括秦岭—大巴山地、浙闽山地、武陵山地、南岭地区、海南中部、滇南山地、藏东南、岷山—邛崃山区、滇西北、羌塘高原、三江平原湿地、黄河三角洲湿地、苏北滨海湿地、长江中下游湖泊湿地、东南沿海红树林等。

生物多样性保护生态功能区的主要生态问题是人口增加以及农业和城镇扩张,交通、水电水利设施建设、矿产资源开发、过度放牧、生物资源过度利用、外来物种入侵等,导致生物资源退化,以及森林、草原、湿地等自然栖息地遭到破坏,栖息地破碎化严重;生物多样性受到严重威胁,部分野生动植物物种濒临灭绝。

土壤保持生态功能区:全国共划分土壤保持生态功能区20个,面积共计61.4万km^2,占全国国土面积的6.4%。其中,对国家和区域生态安全具有重要作用的土壤保持生态功能区主要包括黄土高原、太行山地、三峡库区、南方红壤丘陵区、西南喀斯特地区、川滇干热河谷等。

土壤保持生态功能区的主要生态问题是不合理的土地利用,特别是陡坡开垦、森林破坏、草原过度放牧,以及交通建设、矿产开发等人为活动,导致地表植被退化、水土流失加剧和石漠化危害严重。

防风固沙生态功能区:全国划分防风固沙生态功能区30个,面积共计199.0万km^2,占全国国土面积的20.8%。其中,对国家和区域生态安全具有重要作用的防风固沙生态功能区主要包括呼伦贝尔草原、科尔沁沙地、阴山北部、鄂尔多斯高原、黑河中下游、塔里木河流域,以及环京津风沙源区等。

防风固沙生态功能区的主要生态问题是过度放牧、草原开垦、水资源严重短缺与水资源过度开发导致植被退化、土地沙化、沙尘暴等。

洪水调蓄生态功能区:全国共划分洪水调蓄生态功能区8个,面积共计4.9万km^2,占全国国土面积的0.5%。其中,对国家和区域生态安全具有重要作用的洪水调蓄生态功能区主要包括淮河中下游湖泊湿地、江汉平原湖泊湿地、长江中下游洞庭湖、鄱阳湖、皖江湖泊湿地等。这些区域同时也是我国重要的水产品提供区。

洪水调蓄生态功能区的主要生态问题是湖泊泥沙淤积严重、湖泊容积减小、调蓄能力下降;围垦造成沿江沿河的重要湖泊、湿地萎缩;工业废水、生活污水、农业面源污染、淡水养殖等导致湖泊污染加剧。

农产品提供功能区:主要是指以提供粮食、肉类、蛋、奶、水产品和棉、油等农产品为主的长期从事农业生产的地区,包括全国商品粮基地和集中联片的农业用地,以及畜产品和水产品提供的区域。全国共划分农产品提供功能区58个,面积共计180.6万km^2,占全国国土面积的18.9%,集中分布在东北平原、华北平原、长江中下游平原、四川盆地、东南沿海平原地区、汾渭谷地、河套灌区、宁夏灌区、新疆绿洲等商品粮集中生产区、以及内蒙古东部草甸草原、青藏高原高寒草甸、新疆天山北部草原等重要畜牧业区。

农产品提供功能区的主要生态问题是农田侵占、土壤肥力下降、农业面源污染严重；在草地畜牧业区，过度放牧，草地退化沙化，抵御灾害能力低。

林产品提供功能区：主要是指以提供林产品为主的林区。全国共划分林产品提供功能区 5 个，面积 10.9 万 km^2，占全国国土面积的 1.1%，集中分布在小兴安岭、长江中下游丘陵、四川东部丘陵等人工林集中区。

林产品提供功能区的主要生态问题是林区过量砍伐，蓄积量低，森林质量低，生态系统服务功能退化。

大都市群：主要指我国人口高度集中的城市群，主要包括京津冀大都市群、珠三角大都市群和长三角大都市群生态功能区 3 个，面积共计 10.8 万 km^2，占全国国土面积的 1.1%。

大都市群的主要生态问题是城市无限制扩张，严重超过生态承载力，生态功能低，污染严重，人居环境质量下降。

重点城镇群：指我国主要城镇、工矿集中分布区域，主要包括：哈尔滨城镇群、长吉城镇群、辽中南城镇群、太原城镇群、鲁中城镇群、青岛城镇群、中原城镇群、武汉城镇群、昌九城镇群、长株潭城镇群、海峡西岸城镇群、海南北部城镇群、重庆城镇群、成都城镇群、北部湾城镇群、滇中城镇群、关中城镇群、兰州城镇群、乌昌石城镇群。全国共有重点城镇群生态功能区 28 个，面积共计 11.0 万 km^2，占全国国土面积的 1.2%。

重点城镇群的主要生态问题是城镇无序扩张，城镇环境污染严重，环保设施严重滞后，城镇生态功能低下，人居环境恶化。

三、全国生态环境质量状况

根据生态环境部公布的《2021 年中国生态环境状况公报》，摘引有关生态环境质量状况内容。

生态质量：2021 年，全国生态环境状况指数（EI）为 59.77，生态质量为二类，与 2020 年相比基本稳定。生态质量为一类的县域面积占国土面积的 27.7%，主要分布在青藏高原东南部、秦岭—淮河以南、东北的大小兴安岭地区和长白山地区；二类的县域面积占 32.1%，主要分布在三江平原、内蒙古高原、黄土高原、昆仑山、四川盆地、珠江三角洲和长江中下游平原；三类的县域面积占 32.7%，主要分布在华北平原、黄淮海平原、东北平原中西部、阿拉善西部、青藏高原中西部和新疆中南部；四类的县域面积占 6.6%，五类的县域面积占 0.8%，主要分布在新疆大中北部和甘肃西部。

生态系统多样性：中国具有地球陆地生态系统的各种类型，其中森林212类、竹林36类、灌丛113类、草甸77类、草原55类、荒漠52类、自然湿地30类；有红树林、珊瑚礁、海草床、海岛、海湾、河口和上升流等多种类型的海洋生态系统；有农田、人工林、人工湿地、人工草地和城市等人工生态系统。

全国森林覆盖率为23.04%。森林蓄积量为175.6亿m^3，其中天然林蓄积141.08亿m^3、人工林蓄积34.52亿m^3。森林植被总生物量为188.02亿t，总碳储量91.86亿t。

全国草地面积26453.01hm^2，全国草原综合植被覆盖度为56.1%，天然草原鲜草产量稳定在11亿t左右。

物种多样性：中国已知物种及种下单元数127950种，其中动物界56000种，植物界38394种，细菌界463种，色素界1970种，真菌界15095种，原生动物界2487种，病毒655种。列入《国家重点保护野生动物名录》的珍稀濒危陆生野生动物980种和8类，其中国家一级野生动物234种和1类、国家二级野生动物746种和7类，大熊猫、海南长臂猿、普氏原羚、褐马鸡、长江江豚、长江鲟、扬子鳄等为中国所特有；列入《国家重点保护野生植物名录》的野生植物455种和40类，其中国家一级野生植物54种和4类、国家二级野生植物401种和36类，百山祖冷杉、水杉、霍山石斛、云南沉香等为中国所特有。

自然保护地：全国各级各类自然保护地总面积约占全国陆域国土面积的18%。正式设立三江源、大熊猫、东北虎豹、海南热带雨林、武夷山等第一批国家公园。全国已建立国家级自然保护区474处，总面积约98.34万km^2。国家级风景名胜区244处，总面积约10.66万km^2。国家地质公园281处，总面积约4.63万km^2。国家海洋公园67处，总面积约0.737万km^2。

第二节　公路对生态环境的影响

考虑到森林生态系统、草地生态系统、农田生态系统等多样化的生态系统类型，且不同类型的生态系统结构特征、功能等不同的特点，公路建设会涉及全部生态系统类型，按照公路工程位于不同类型的生态系统，对其生态环境影响进行分别论述。

一、公路施工期生态环境的影响

1. 公路施工期对森林生态系统的影响

对森林植被的影响：公路工程位于山区森林植被区，工程的永久占地主要是主体工程路基,临时占地主要是弃渣场等。临时占地只是在施工期因侵占林木生存空间,使生物遭受破坏,生物多样性及生物量受到影响。此时,生物量减少只是暂时的,待弃渣完毕后,及时植被恢复,并经过一定恢复期,森林植被将会恢复到原有水平。而永久占地将改变原有的土地利用功能,变为交通建设用地,对土地利用方式产生长期的不可逆影响,原有森林植被将受到破坏,使其失去生存基质——土壤,生态功能发生了改变,森林植被面积减少,覆盖率降低,并造成生物群落空间尺度的缩小,但这种影响仅限于公路用地范围内,隧道的修建降低对森林生态系统的破坏程度,同时也大大降低植被生物量损失。

对土地资源的影响:公路工程永久占地将会把林地转变为交通用地,而隧道工程和桥梁工程不会对原有林地产生影响。弃渣场、砂料场、预制场等临时占地暂时改变了原有土地利用功能,待施工完毕后,及时平整土地,植树造林,将其恢复林地使用功能。

对水土流失的影响:公路工程位于山区,由于施工活动对山体扰动,可能加剧原地貌水土流失的发生,易发生水力侵蚀,新增土壤流失量,对公路工程所在区域生态环境造成影响。在施工期间对原地貌的水土流失的影响主要表现为:主体工程在边坡削方过程中对地表的扰动,对土体结构的损坏,使原地貌丧失或降低了原来所具有的水土保持功能,在遇到侵蚀降雨的天气条件下,加剧原地面的水蚀强度。其次是弃渣场、砂砾料场、石料场等产生的临时土方产生的水土流失量。这些区域在施工中形成挖损、堆垫边坡,对原地貌及土体的扰动强度大,破坏性强,造成表土疏松,局部地表形成坡度,为土壤侵蚀的发生、发展提供了下垫面条件,形成水力侵蚀。

对野生动物的影响:哺乳类、鸟类等珍稀保护性野生动物主要分布在森林地带,公路工程建设可能会侵占或分割野生动物的栖息地,而桥梁和隧道工程建设也将避免对野生动物分割阻隔影响。施工活动也将会对沿线野生动物产生一定影响,施工影响主要表现为人类活动频繁,大量施工机械和人员活动惊吓、干扰路域附近哺乳类野生动物的活动;施工破坏的林地侵占了野生动物的活动空间。施工活动将会驱使野生动物远离公路,但施工影响是属于短期的临时影响,施工完毕后,施工影响大多会逐渐消失,野生动物会恢复原有的活动范围。弃渣场、砂料场、施工营地等临时工程建设对野生动物也会产生一定影响。但施工的机械作业可能会对野生动物造成较大影响,主要是施工噪声将会打破动物安静的栖息环境,而且动物一般白天觅食,晚上栖息。鸟类一般栖息在高大乔木树冠或灌丛中,林地占用、施工噪声、人员活动等可能会干扰部分鸟类的栖息地。

对生态功能区的影响:森林主要生态功能是保护生物多样性和水源涵养等,公路工程建设将会对林木和野生动物产生一定影响,将侵占部分森林资源,破坏野生动物栖息地,阻隔野生动物交流活动等,施工活动也将会驱使野生动物远离原有活动区域。而山区公路工程除路基外,桥梁和隧道是主要控制性工程,桥梁和隧道工程将避免破坏林木资源和阻隔野生动物活动路线等,大大降低了对生物多样性的影响。由于路基工程等干扰森林和山体结构,极易造成水土流失,将会破坏其水源涵养功能。

路基工程对生态环境的影响:路基填筑和开挖将会对森林和水土流失产生一定影响,特别是深挖路段将破坏山体稳定性,易引发山体滑坡、坍塌等地质灾害。为了降低工程建设对林木的影响,对于小龄和胸径较小的树木尽量及时移栽或作为工程的绿化树种,路堑挖方和填方路段应做好边坡防护工程。

隧道工程对生态环境的影响:隧道涌水漏失主要发生在孔隙水及基岩裂隙水,隧道开挖时,可能揭开含水层或含水破碎带、断层,发生涌水、突泥现象,降低地下水位,从而影响隧道上方植被生长发育。隧道山顶植被生长用水主要来源于降雨,与地下水基本无直接联系,隧道施工引起顶部大量漏水可能性较小,施工对山顶植被影响较小。洞口施工将会占压林木,施工前应就地移栽林木。洞口开挖尽可能减少周围植被破坏,避免大面积的滑塌,采取绿化措施恢复洞口周围植被及自然景观。隧道弃渣将会占用土地资源、易发生水土流失等,重点做好隧道弃渣处理及生态和工程防护工作,路基纵向调配利用后,弃渣应弃于指定的弃渣场。

临时工程对生态环境的影响:山区的弃渣场主要占压林木和灌草丛植被,工程将会对渣场植被产生永久影响,同时在弃渣过程也将引发水土流失,弃渣场对生态环境将产生一定影响。应论证弃渣场选址环境合理性,避免弃渣场下游分布有村镇敏感区。

施工便道将不可避免会占用一些林地,侵占林木的生存空间,会对林业生态环境产生一定影响。为了降低其影响,施工便道尽量布设在工程永久征地范围内。由于受地形地貌限制,工程建设将不可避免占压林地,应尽量利用永久占地范围,减少对沿线植被的影响。

预制场一般分布在大桥附近,为桥梁建设服务,预制场修建必将水泥浇灌硬化场地。预制场对生态环境的影响主要表现在直接影响(即侵占植被生存空间)和间接影响(即生产污水和生产垃圾污染附近土壤和水环境)两方面。集中设置预制场,有利于节约土地资源和环境保护。应合理利用工程永久占地范围,如服务区、互通立交和路基等。

施工营地对生态的影响主要表现在直接影响(即侵占植被生存空间)和间接影响(主要为生活污水和生活垃圾污染附近土壤和水环境)两方面。

2. 公路施工期对草地生态系统的影响

对草原植被的影响:公路工程位于草原区,公路主要占压草原、草甸等植被,减少了草原植被面积,导致生物量损失。临时工程应选择草原植被稀疏区域,降低临时工程对草原草甸的影响。为降低对草原草甸植被的影响,应重点保护草甸草皮和表层土壤。路基建设应加强对高寒草甸草毡层的剥离和利用,路基施工前先把高寒草甸草毡层剥离,在条件许可的情况下采用人工剥离草皮,草皮的形状尽量保持规则。同时,为了降低对草原的影响,施工前应剥离表层有肥力的土壤。

对土地资源的影响:公路工程永久占地将会把草地转变为交通用地,而隧道工程和桥梁工程不会对原有草地产生影响。取土场、石料场、弃渣场、砂料场、预制场等临时占土地暂时改变了原有土地利用功能,待施工完毕后,及时平整复垦土地,撒播草籽,将其恢复草地使用功能。

对水土流失的影响:主要分布于内蒙古东部的温带草甸和青藏高原东部高寒草甸,壤侵蚀类型以水力侵蚀和风力侵蚀为主。由于施工活动对草原植被破坏,可能加剧原地貌水土流失的发生,易发生水力侵蚀和风力侵蚀,新增土壤流失量,对公路工程所在区域生态环境造成影响。在施工期间对草原和土体结构的损坏,使原地貌丧失或降低了原来所具有的水土保持功能,在遇到侵蚀降雨和大风的气候条件下,加剧原地面的水蚀强度。其次是弃渣场、砂砾料场、石料场等产生的临时土方引起的水土流失量。

对野生动物的影响:草原也是野生动物相对分布较多的区域,譬如青藏高原地区。草原野生动物主要为有蹄类、兽类等。施工期工程永久和临时占地缩小了野生动物的栖息空间,割断了部分陆生动物的活动区域、迁移途径、栖息区域、觅食范围等,从而对动物的生存产生一定的影响。施工期随着各种机械的进场工作,钻探工作的开展、人员和运输车辆的穿行,使沿线一定宽度范围噪声、震动等大大增加。由于草原区域人口稀少,各种动物的觅食等活动基本不受人为活动等的影响。施工期对野生动物产生的阻隔效应虽然不像公路运营期的影响持续的时间长,但由于施工人员等的迅速进入,从而迅速将野生动物的栖息地及觅食空间分割开,影响动物的觅食、活动等行为,特别对警惕性较高的野生动物产生的影响更大。但由于施工点分散,连续性差,因此这种阻隔效应并不明显。

对生态功能区的影响:草原主要生态功能为保护生物多样性、农产品提供、水源涵养、水土保持等,公路工程建设将会对畜牧业、野生动物、水土流失产生一定影响,需要侵占部分草地资源,破坏野生动物栖息地,干扰土壤结构和破坏植被,失去防风固沙和涵养水源等功能。由于路基等工程干扰森林和山体结构,极易造成水土流失,将会破坏其水源涵养功能。

对冻土环境的影响:当公路工程穿越冻土区时,挖方、填方、修筑路堤等工程活动会对路基两侧冻土环境产生一定影响。公路工程若穿越多年冻土区,将会引起冻土天然上限加深,会引起冻土中含水率的变化,易引起上限处地下冰融化。在填方的季节性冻土地段中,有一部分可能受人为的影响较大,产生热融现象。这些因素都会使冻土层遭到破坏,路基不稳,因此,要对其采取保温护道措施。季节性冻土区隧道洞口段施工应尽量避开冬季及雨季施工,并注意洞口仰坡在季节变换期的热融坍塌。相对于多年冻土,工程建设对季节性冻土环境影响较小。

临时工程对生态环境的影响:在草原区修建公路工程,将不可避免设置取土场、弃渣场、施工便道、施工营地等临时工程,临时工程不可避免将侵占工程沿线草原植被,主要影响对象是草原植被、土壤结构、自然景观及野生动物生境,影响特征属于斑块扩散性。地表取土会破坏地表植被和土壤结构,改变地形地貌以及自然景观,使区域植被覆盖下降,自然景观破碎化。隧道洞渣废弃将占用大量土地,也将会造成资源和环境污染。隧道综合利用及优化资源配置使用于公路建设也显得尤为重要。施工便道由于运输机械的反复碾压,使植物枯死,表层土壤极易裸露,产生扬尘。预制场和拌和站修建,对生态环境主要表现为直接影响(即侵占植被生存空间)和间接影响(即生产污水和生产垃圾污染附近土壤和水环境)。

3. 公路施工期对湿地生态系统的影响

湿地与人类的生存发展关系密切,是人类重要的生存环境之一,它不仅为人类提供丰富的动植物资源,而且有巨大的环境功能,如在抵御洪水、调节径流、蓄洪防旱、降解污染、调节气候、控制土壤侵蚀、保护生物多样性、美化环境等方面都具有其他生态系统不可替代的作用,被誉为"地球之肾"。

对湿地水力联系的影响:公路工程主要可能涉及河流湿地、湖泊湿地和沼泽草甸湿地等不同类型湿地,如果公路工程建设不采取桥涵等措施,将会对湿地水力联系产生一定影响。为了降低对湿地水力联系的影响,工程在设计阶段对跨越河流、湖泊、沟壑及汇水径流处主要采取桥梁和涵洞形式跨越。为了避免路基对沼泽湿地产生影响,填方路段清除表层腐殖土,换填碎石、石渣(硬质岩)等透水性材料,路基基底及两侧纵横向预埋碎石盲沟引排地下水,避免隔断沼泽湿地水力联系。

对湿地植被的影响:湿地植被主要为沼泽草本或灌丛植被,工程线位穿越或接近湿地时,将会占用沼泽地和破坏植被,使湿地面积减少。工程建设对湿地的占用主要表现在公路路基占压和桥梁施工,以及施工过程中对湿地的临时占用。桥梁的桩基主要采取钻孔桩施工,由于需要布设钻孔场地,需要破坏永久占地的桥梁下方植被,为了保护桥梁下方的植被,尽量保留不干扰区域的植被。

对湿地环境污染的影响:在施工期间和运营期可能会给湿地生态系统带来程度不同的污染。如施工机械运行、清洗、漏油等排放的污染物;施工中排放的废水、产生的扬尘、沥青烟也会给湿地环境造成污染。桥梁施工给湿地造成的污染,各种建筑材料在运输过程中免不了少量泄漏,以及机械油料的泄漏;对水环境的污染主要是向水体弃渣,向水体跑、冒、滴、漏有毒化学物品;此外,桥梁桥面排水会给水体带来污染。公路路面的径流水排入湿地造成的湿地污染、路桥建筑货物运输过程中在路面的抛撒、汽车尾气中微粒在路面的沉降、汽车燃油在路面上的滴漏以及轮胎与路面的磨损物残留等,当降水形成路面径流时,就挟带着这些物质排入湿地。因此,应重点做好危险品事故防范工作,降低环境风险事故对湿地的污染影响。

对湿地鸟类的影响:湿地也是鸟类主要觅食、繁殖育雏等栖息地,施工噪声和人类活动对鸟类会产生一定影响。依据相关研究结果,预测施工期昼间噪声500m可达到背景值,影响范围相对有限,不会影响湿地鸟类种群分布和数量。强噪声施工作业尽量避开鸟类繁殖期。

4. 公路施工期对荒漠生态系统的影响

荒漠的气候以及沙地的环境特点决定了其生态的脆弱性,而公路施工形成了线形的扰动带,这些影响主要来自路基主体工程、临时用地及施工便道等。路基主体工程建设过程中不仅破坏了地表植被,而且改变了地表形态,进而引起公路两侧局部的风场变化,产生公路风沙堆积或风蚀等问题;临时用地的占压等破坏了地表植被,改变了表层土壤的结构,而施工便道则会引起沙地地表的活化,这些都对公路沿线的沙地造成影响。

对植被的影响:公路工程对植被的影响主要是路基工程和临时工程直接侵占破坏,同时因施工活动导致风沙流发生,风沙流的活动严重影响着植物的光合作用速率,进而使得植物的物质积累与生长变慢,光合作用速率随着风沙流风速的增加而显著降低。这使得荒漠化地区公路扰动区局地风场发生改变,取、弃土场在恢复初期极易成为新的风沙流源,进而影响恢复区植被的光合作用速率。

对沙丘的影响:公路施工引起沙地地表活化,使固定沙丘变为流动沙丘,对沙地环境的影响主要表现为破坏植被,造成植被盖度降低,其次是改变了沙地的地表性质(包括粗糙度、坡度和地面紧实度等),进而影响到沙面的水分特征。公路施工中路基、取弃土场和临时用地都会不同程度地破坏沿线的地表植被,使沙面更容易被风蚀。

路基工程对沙地的影响:公路填方路基抬升了原地表高度,改变了地表微地形结构,进而改变了近地表的空气流场,导致了风沙流受阻,使近地面风速、风向发生改变。在路堤的迎风坡,贴地层气流产生涡流,增加了局部阻力,风速迅速降低,从而削弱了气流挟沙的能量,引起部分沙粒从风沙流中沉落并堆积。在路堤的背风坡形成风影区,也产生风沙堆积。在路堤的迎风坡上部和路肩,风速增大,产生风蚀。在沙地的路堑段,当公路的路线走向与主导风向垂直时,堑顶形成浑圆状或不规则形状,迎风坡面常被风蚀呈犬牙状或成袋形涡穴,背风坡气流产生分流,气流速度迅速降低,产生风沙堆积,甚至风沙上路。当线路走向与主导风向平行时,公路两侧坡面常被风蚀成犁沟状,沟深可达20cm以上。

对野生动物的影响:荒漠区也分布着大量野生动物,公路施工期对野生动物的直接影响主要表现:公路征地范围内清理表层植被直接占用,从而使野生动物栖息地受到损失,公路施工期,临时用地施工便道、房建设施等占用野生动物栖息地公路取弃土场占用野生动物栖息地、施工活动噪声和灯光等,从而使野生动物在这些地方逐渐失去了栖息的环境,使野生动物栖息地面积不断降低,同时人类活动也将会驱使野生动物,减少工程区域内的野生动物数量。

对生态功能区的影响:荒漠生态系统主要生态功能为防风固沙,公路工程建设过程将会扰动地貌、破坏表层植被和地表土壤结构,引发沙源,导致风沙流动,特别是路基工程和取土场、弃土场等临时工程将会对防风固沙产生一定影响。

临时工程对生态环境的影响:沙地取土对沙丘和周围环境的影响主要是破坏地表植被,造成沙丘活化并产生风蚀。沙地表层土壤在长时间的自然过程作用下,能形成一层有一定硬度的结皮,其中有蓝藻和地衣等低等生物生长,并对结皮的形成产生重要的作用,又称其为生物结皮。结皮不仅对风沙土壤的形成起到保护和促进作用,而且在防风固沙、防止土壤侵蚀、改变水分分布状况等方面都起着重要的作用。取沙深度远大于植被根系范围的土层,造成取沙范围内地表植被土层剥离,不仅破坏了地表植被,而且阻碍了沙面土壤的物理化学过程,使成土过程中断。弃沙对周围环境造成的影响主要有:风蚀和边坡滑坡。工程弃沙也均为风沙土,由于缺乏遮挡或植被防护,弃沙堆地表粗糙度降低,沙粒在大风条件下更容易被吹起,形成弃沙堆的风蚀。施工便道经施工机械碾压后,改变了原地表性质,最突出的就是沙生草本植被覆盖度的减少,使易扬沙粒数量增加,同时使施工便道的沙土层逐渐粗化,易发生风蚀。

5. 公路施工期对农田生态系统的影响

对耕地的影响:基本农田是粮食生产的重要基础,保护基本农田是耕地保护工作的重中之重,对保障国家粮食安全、维护社会稳定、促进经济社会全面、协调、可持续发展具有十分重要的意义。由于公路交通属于线形工程,工程建设将不可避免占压耕地,甚至基本农田,工程建设对公路沿线耕地会产生一定影响,为了降低其影响,占用前要将土壤耕作层进行剥离,用于新开垦耕地或其他耕地的土壤改良。为降低工程建设对耕地的影响,临时性工程尽量避免占压耕地。因工程建设导致沿线城镇人均耕地减少,对行政村人均耕地影响较明显,且由于人口不断增加,可能会导致人地矛盾,所以工程征地后应做好土地占用的补偿工作。

对农业的影响:公路交通工程征用耕地,由于永久性占地将永远丧失其原有土地利用功能,占用耕地将会对农业生产带来一定影响。虽然工程永久性占地不会使沿线土地利用总体格局发生明显改变,但是工程占地还将会造成农业损失。如种植农作物玉米、小麦、稻谷等,工程占用的耕地将会造成粮食产量损失。临时用地将会临时改变土地利用功能,减弱土地的生态利用功能,对农业生态环境产生影响,导致粮食产量降低,将会对占地周围区域的农业产生一定影响。为了降低工程建设对沿线农业生态系统的影响,临时工程尽量设置在永久占地范围,严禁占用基本农田,如果临时占用一般农田,施工完毕后,要及时平整复耕。

对生态功能区的影响:农田生态系统主要生态功能由农产品提供,公路工程将不可避免征用耕地,对沿线农业产生了一定影响,造成工程区域粮食产量损失。临时工程尽量避开耕地,若占压耕地,施工结束后必须复耕。公路工程应认真落实节约占地和复耕措施,建设单位应严格按照国家政策的规定做好征地后的土地调整与土地补偿工作,降低对农产品提供功能区的影响。

路基工程对生态环境的影响:路基穿越农业区,路基施工活动将会对沿线农业产生一定影响。为了降低其影响,应尽量缩短路基边坡,严禁越界施工活动。路基施工前先把表层耕作土剥离,并妥善保护好,待施工结束后及时回填路基边坡,利于植被恢复,降低路基边坡水土流失,或用于改良造田。

临时工程对生态环境的影响:施工便道将不可避免会占用一些耕地,会对农业产生一定影响。为了降低其影响,要求施工便道尽量布设在工程永久征地范围内,并充分利用乡村田间地方已有道路,减少对沿线植被的影响,特别是要降低对耕地。同时施工完毕后,要及时平整复耕或进行植被绿化恢复工作,减少其对生态环境的影响。施工营地、预制场等利用耕地,也将会对农业产生影响,其生活污水、生产污水和生活垃圾污染附近土壤和水环境。施工营地尽量租用当地村民的房屋,不能租用民房的尽可能在工程永久征地范围内设置。为减少其对周围植被的影响,尽可能利用永久占地作为预制场,减少临时占地面积。施工完毕后要对场地进行彻底清除,特别是硬化地面清除,恢复其原有生态功能,避免影响周围生态环境。

二、公路运营期生态环境的影响

公路交通对生态环境的影响主要发生在施工建设期,而公路运营期属于路域生态环境恢复期,整体对生态环境影响不大,但公路运营期对有野生动物分布区域的野生动物阻隔影响相对较明显,特别是封闭半封闭的高等级公路。路基边坡、路堑边坡、附属设施、临时工程的植被恢复将会有效控制水土流失,逐渐恢复植被生态功能,管理单位应加强生态恢复设施的跟踪养护维护工作。下面重点分析公路运营期对野生动物影响。

1. 对野生动物生境的影响

公路交通对植被的破坏将使有些动物的栖息地和活动范围破坏和缩小。伴随着生境的丧失,动物被迫寻找新的生活环境,这样便会加剧种间竞争。生境破碎对动物产生的影响是缓慢而严重的。由于生境的分割,动物被限制在狭窄的区域,不能寻找它们需要的分散的食物资源。对于爬行动物和小型兽类而言,如蜥蜴类及蛇类等爬行动物,由于原分布区被部分破坏,公路的运营会导致这些动物的生活区向周围迁移。对于部分灌丛与草丛中栖息的鸡形目的鸟类、各种鼠类、食肉目的兽类,其栖息地将会被小部分破坏,但它们都具有一定迁移能力,食物来源也呈多样化趋势,所以工程不会对它们的栖息造成巨大的威胁。

2. 对野生动物活动阻隔的影响

对公路沿线的野生动物而言,虽然低等级非封闭公路对野生动物活动阻隔影响小,但是新修的公路采用全线封闭,所以对野生动物活动形成了一道屏障,使得部分野生动物的活动范围受到限制,生境破碎化,对其觅食、种群交流的潜在影响是比较大的。道路对于野生动物迁移具有明显的阻隔作用,且道路等级越高,阻隔作用越大。公路的修建特别对具有迁移习性动物或活动范围较大的野生动物影响较大。其中对兽类主要影响其取食和活动,对爬行动物主要造成种群隔离,不利其生存,对鸟类基本无影响。在西部地区,原有公路(如青藏公路)建成几十年,虽没有给野生动物设置专门动物通道保护措施,但由于车流量低,人烟稀少,道路等级较低,对野生动物的影响不大,近年来虽然车流量和人员增加较多,但野生动物已基本适应了其影响。

图 2-1 所示为野生动物穿越青藏公路。

图 2-1　野生动物穿越青藏公路

第三节　生态环境保护措施

公路工程涉及林地、草地、耕地、湿地等，工程建设一方面严格保护林地、草地、耕地等土地资源，另一方面做好植树种草和复耕等生态恢复措施，重点做好湿地生态环境保护工作。工程生态环境保护总体基本要求是：以资源节约集约利用为原则，尽量减少公路工程占地，节约用地，特别是耕地、林地和草地等土地资源。剥离占压的耕地表层耕作土和草原表层土，临时堆放，作为场地复垦母土。占压草甸植被时，应先剥离草皮层，临时堆放，维护草皮生命力，及时回铺草皮，严禁随意废弃草甸草皮。严禁临时工程随意占压基本农田、耕地、草甸、湿地以及其他生态敏感区。工程在建设过程中应划界施工，严禁越界施工。植被恢复物种以乡土植物为主，避免外来物种引发生物风险。

一、主体工程生态保护措施

（1）在施工过程中应对施工行为进行严格管理，采用划界施工等严格控制施工范围，以减少公路和站场周围植被的破坏和引发水土流失。

（2）对于公路边沟至公路界碑之间区域，属于征而不占的区域，应尽量保护边沟至公路界碑之间的区域，避免受到工程扰动，做好植被保护工作，降低工程建设对沿线林地、草地等植被的影响。

（3）路基占压耕地时，对于路基施工区内有肥力的表土层，应在工程施工前先对其进行剥离，平均剥离厚度按 30cm 计，可用于新开垦耕地、其他耕地的土壤改良或覆盖于路基边坡。

（4）路基占压林地时，对于路基占用的树木应在合适的季节及时移栽或假植，严禁随意砍伐。其表层土壤应剥离,并临时堆积在征地范围内,表层土壤可覆填路基边坡作为植被恢复的土壤基质,或用于改良造田。

(5)路基占压草地时,施工前应该注意先剥离表层土壤,并临时堆积在征地范围内,表层土壤可覆填路基边坡作为植被恢复的土壤基质,或用于改良造田。

(6)路基占压草甸时,应加强对高寒草甸草毡层的剥离和利用。路基施工前先剥离高寒草甸草毡层,在条件许可的情况下采用人工剥离草皮,草皮的形状尽量保持规则。剥离的草皮每隔500m集中堆积在路基两侧,做好苫盖和排水措施,并在施工期对于临时堆放的草皮需定期进行洒水等养护工作,以利于后期草皮回覆后成活率。待路基修建完毕后,可将草毡层覆于路基边坡或者取弃土场等临时占地。

(7)桥头路基主要采用工程防护,桥头两端10m范围内设置浆砌片护坡至坡脚,护坡外加设护坡道及护角,防止水土流失。

(8)填方、挖方边坡高度小于3m的路段(或路堤挡土墙墙顶填土高度≤3.0m)或边坡坡度缓于或等于1∶1.0且地质条件较好的挖方路段采用三维网植草防护。填土高度大于3.0m的路堤边坡,或者强风化~全风化花岗岩、混合岩挖方路堑深度大于3m且小于18m的路段的边坡采用坡拱形骨架、菱形骨架、客土喷播植草护坡。

(9)建设单位应委托专业设计公司对服务设施开展景观绿化设计,使公路设施从景观上与周围生态环境融为一体。

(10)互通立交施工前应剥离表层土壤,为植被恢复创造条,做好互通立交区生态绿化工作。

(11)利用公路修建的边沟、排水沟等公路排水系统,有效控制水土流失。

二、隧道工程建设生态保护措施

(1)隧道挖方应尽量进行纵向调配利用,对于不能利用的弃渣,应弃于指定的弃渣场。施工期严格管理,禁止施工单位随意弃渣,破坏生态。

(2)隧道口施工应尽量控制开挖面积,减少对周围植被的破坏,避免大面积滑塌。

(3)在施工面形成之后,对隧道口设置截、排水沟,防止隧道口周围植被受雨水冲刷垮塌。

(4)施工时间工序,可安排隧道施工先于其他工程,便于弃渣的充分利用。

(5)洞口与洞门的设置与当地的地形地貌相结合,结合地质条件并充分考虑防排水条件,洞口的绿化主要是为了修饰人为景观,选用一些适合当地生长的植物绿化。

(6)在施工过程中严格控制隧道口破坏面积,禁止随意扩大施工范围,保护隧道口周围植被,以减少对洞口自然景观的破坏。

(7)采用先进的光面爆破技术,低威力、低爆速炸药和微差爆破技术以及水封等爆破工艺进行作业,减小隧道爆破施工对周围野生动物的影响。

(8)施工结束后及时清理隧道施工场地的工程垃圾,松土还林复耕,尽可能选用乡土树种加以绿化,减少工程产生的裸露面。

三、临时占地生态保护与恢复措施

1. 取土场生态保护与恢复措施

(1)工程取土应遵循分段集中取土的原则,尽量利用旧取土场或商业土料场,选择在植被稀少区域设置取土场,取土后应平整,必要时采取覆盖等措施。

(2)由于西部地区自然条件较差,植被恢复周期较长,要以尽量保护、减少扰动、自然恢复为原则。

(3)在取土过程中应该对施工行为和范围进行严格管理,禁止车辆随意下道行驶,尽量减少碾压的范围,以减轻取土对周围环境的影响。

(4)在草原区取土前应先把表层土壤及草皮剥离堆放,剥离后分别临时堆放在取土场上边坡处,并完好保存;取土完毕后应进行场地平整,回填表土和回铺草皮,撒播草籽,以促进植被及景观的恢复。通过调研可知,凡覆盖有肥力土壤的旧取土场植被已均得到一定程度的自然恢复,甚至部分取土场植被恢复良好。

(5)在一般耕地设取土场,在施工前剥离有肥力表土,待施工完毕后及时平整场地,回覆表土复耕。取土场浅取土,便于取土完毕后复耕,同时做好取土场排水系统,防止取土场内涝发生。

(6)可采用河道砂砾混合料填筑,取代借土方作为填料,将避免在耕地内设置取土场。砂砾混合料场开采在一般枯水期进行,开挖坡度控制在稳定坡度范围内,要求采取边开挖、边修坡的措施以保证边坡的稳定,同时对开挖软弱面、裸露土质边坡及时进行工程防护。在开挖边坡上侧及两侧设置临时排水沟,将施工期间的降水排至下游,保证料场正常开采,防止渣料流失。施工完毕后,及时对料场进行清理、平整、压实等措施,降低料场水土流失。如果具备植被绿化恢复条件,应植树种草恢复。

(7)根据相关法律法规要求,严禁在自然保护区、风景名胜区、国家公园和地质公园等生态敏感区内设置取土场。

(8)必须在指定的取土场内开采。取土场应在划定临时用地范围、明确用地数量的基础上备案，以此作为施工管理的依据，不得随意扩大，如工程确需要扩大用地范围或另行开辟取土场时，应向当地环保、国土等主管部门履行变更设计程序。

（9）若公路工程建设利用商业取料场，为了更好地落实土料场的恢复责任，建设单位应选用合法开采经营手续或营业证的商业料场，双方应在合同协议中明确料场恢复责任问题。

图 2-2 为取土场复耕和植树造林恢复。

图 2-2　取土场复耕和植树造林恢复

2. 弃渣场生态保护与恢复措施

工程弃渣场应落实工程水土保持方案中相应工程防护措施，并且弃渣场应在划定临时用地范围、明确用地数量的基础上备案，以此作为施工管理的依据，不得随意扩大，如工程确需要扩大用地范围或另行开辟弃渣场时，应向当地水利主管部门履行变更设计程序。工程弃渣场生态保护措施如下：

（1）严禁在工程沿线随地弃渣，应均弃于指定弃渣场。

（2）弃土弃渣尽量就近弃于工程取土场或作为路基填料和路基边坡绿化用土。弃渣完毕后，及时平整场地，回填表土。若弃渣高度高于取土场，必须先挡后弃。遵循先弃废石再废土覆盖的顺序，以便为植被恢复创造条件。

（3）弃渣场在弃渣前应剥离表层土壤，待施工完毕后及时平整渣场表面，回填表土，弃渣场的弃土堆整平后，坡面植灌草，弃渣场顶部植树造林或复垦造田，将荒沟改造成林地和耕地。

（4）弃渣场在沟侧预留沟槽，并浆砌，弃渣场坡面植灌草，将减少水土流失和补偿植被生物量损失量。弃渣场采用蓄排结合的防护措施，即将渣场坡面改造成倾向沟头上游的倒坡，防止雨水径流直接冲刷弃渣坡面。在临空坡面与原坡面交界处，修建浆砌石排水沟,坡面上采用工程防护措施,为防止施工期间水土流失,先在坡角处修建浆砌石挡墙。

(5)弃渣场要做好工程防护工作和排水工程,防止弃渣场崩塌、滑坡、泥石流等地灾发生,避免诱发次生地质灾害。

(6)弃渣前,先修建拦渣墙,然后按照先弃废石再弃废土覆盖的顺序,以便为植被自然恢复创造条件。

(7)山坡弃渣应注意避免破坏或掩埋路基下侧的林木、农田及其他工程设施。沿河弃渣应避免堵塞河道或引起泥石流冲毁农田、房屋等。不得在崩塌、滑坡、泥石流等地质病害高发地段设置弃渣场和临时堆渣场。

(8)根据相关法律法规要求,严禁在河道、自然保护区、风景名胜区、地质公园、水源地等内设置弃渣场。

图 2-3 为弃渣场植树种草生态恢复。

图 2-3　弃渣场植树种草生态恢复

3. 砂砾料场生态保护与恢复措施

(1)采砂场应选择在无植被的河滩地,或结合河道疏浚工程,尽量利用商业取料场。

(2)严格控制作业界线,禁止越界施工。工程设置的料场尽量选择在公路沿途可视范围以外。

(3)挖河取砂无疑会对自然景观和生态环境造成一定的破坏,施工单位应进行认真的规划和设计,把破坏降至最低。

(4)制定环境保护规划和施工结束后的恢复措施,并报环境保护行政监察部门进行复核勘察审批,然后到国土资源部门、河道管理部门办理资源开采证,做到持证开采。施工单位依据相关主管部门批准的开采范围在周围设置明显的标志,禁止随意扩大开采范围。做到有序开采,文明施工。

（5）对于河流地带的砂砾料场，应注意河道保护以及不稳定边坡的工程防护措施，保证河岸边坡稳定，保护河道生态环境及生物多样性。

（6）采砂场在施工过程中要分区采掘，做到边采掘边回填，采坑要及时平整，疏通河道，防止河道改线造成水力侵蚀和水土流失。

（7）洗砂场要设沉淀池，可设一级或二级沉淀池，面积可视洗砂用水量的多少而定。沉淀池周围要用沙袋筑成围堰。将洗砂用过的含泥浊水排入沉淀池内进行沉淀，达到排放标准后，或循环使用，或排入河流水体，禁止洗砂浊水直接排入河流污染水体。

（8）植被恢复以自然恢复过程为主，如砂砾质河流的砂石料场，其群落结构及演替主要受河滩砂砾石生境及河流水文过程的影响，季节性洪水在植被的变化过程中起着重要的作用，在工程施工结束后，通过河道整治，促进植被自然恢复。

（9）根据相关法律法规要求，砂砾料场的布设位置应避开自然保护区、风景名胜区、地质公园等区域。

4. 石料场生态保护与恢复措施

（1）工程石料尽量从商业石料场购买，利用已有的石料场将降低新开辟石料场对生态环境的影响。

（2）为了更好地落实料场的恢复责任，建设单位应要求石料场业主必须有合法开采经营手续或营业证，并由双方在合同协议中明确料场恢复责任问题。

（3）施工前，先剥离表层土壤和草皮，坚持分片开采、分级开挖、贯彻预防为主的原则，减少对原地表的扰动和破坏。

（4）弃料就近集中堆放，开采完毕后弃料，表土回填，场地平整，植树种草，促使植被恢复。削缓采石坡面，并根据实际情况采取相应的工程防护措施。

（5）在施工过程中，应做好坡体防护工程，防止诱发坍塌等地质灾害，并做好景观和植被恢复工作，降低石料开采对其的影响。

（6）将开挖覆盖层和弃料集中堆放，做好临时防护措施，减少占地影响，以便开采完毕后将弃料及覆土用于场地平整、迹地恢复。

（7）石料场上部开挖裸露土质边坡及软弱面坡度控制在稳定坡度范围内，要求采取边开挖、边修坡的措施，以保证边坡的稳定。

（8）开采完毕后及时清除危岩，保证岩体稳定，防止后期滚落，对人、牲畜、野生动物造成危害。

（9）根据相关法律法规要求，石料场的布设位置应避开自然保护区、风景名胜区、地质公园、森林公园等生态敏感区。

5. 施工营地和施工场地生态保护措施

(1)施工营地的布设可尽量租用当地村民的房屋,不能租用民房的应在公路征地范围内布设,严禁在耕地、植被覆盖度较高的林地、自然保护区、风景名胜区、地质公园等区域内设置施工营地。

(2)施工营地尽量使用清洁能源,营地固体废物应运往城镇垃圾填埋场处理。施工结束后要对营地进行彻底的拆除和清理,及时土地复垦,恢复原有生态功能。

(3)施工期间应加强管理,施工场地集中设置,尽量少设临时施工场站;桥梁预制场和拌和站应尽量利用路基、工程互通立交、服务区等永久占地范围设置。严禁在植被覆盖度较高的林地、基本农田、自然保护区、风景名胜区、地质公园等区域内设置施工场地。

(4)对桥梁预制场和拌和站等临时占地,在施工前对施工场地的表土进行剥离,剥离后分别临时堆放在施工场地的一角,并做好苫盖和排水措施;施工完毕后,及时清除表层硬化,平整土地,回填表土并复垦,植树种草或复耕。工程减少临时占地侵占土地资源,最大限度降低对生态环境的影响。

图 2-4 为施工场地复耕恢复。

图 2-4 施工场地复耕恢复

6. 施工便道生态保护与恢复措施

(1)施工便道尽量设置在永久占地范围内,应充分利用村田间道路、地方道路。新开辟的临时道路应在施工结束后立即清理整治,恢复原有土地功能(复耕或植树种草)。

(2)合理规划设计施工便道及便道宽度,严有专人进行施工疏导和管理,要求各种机械和车辆固定行车路线,不得擅自扩大施工便道范围。

(3)严禁随意越界设置施工便道和占压耕地。施工前,剥离施工便道的表土,剥离后分别临时堆放在施工场地的一角,并做好苫盖和排水措施。施工完毕后,要及时平整土地并复垦,植树种草或复耕等恢复工作。

(4)施工临时场地尽量设在现有道路旁,进出场道路尽量利用现有道路,避免新设进出场地道路。因客观因素需设进出场道路的,要求施工完毕后,及时清理、整治进出场道路,将道路恢复为原有土地利用功能,降低其对生态环境的影响。

四、林地生态保护措施

(1)根据《中华人民共和国林业法》等有关国家和地方法律法规,必须占用或者征用林地的建设单位,在工程建设前应办理占用林地的合法手续,尽可能少砍伐树木。

(2)使用林地的建设单位,应当按照规定向被占用、征用林地的单位支付林地补偿费、林木补偿费和安置补助费,按照相关法规制度的补偿标准进行补偿,并向审核占用、征用林地的林业行政主管部门缴纳森林植被恢复费。

(3)森林植被恢复费的收取标准,按照相关行政主管部门制定的标准执行。森林植被恢复费实行专款专用,不得挪作他用。

(4)临时使用林地的,应当按照规定支付林地补偿费、林木补偿费和缴纳森林植被恢复费,并按照土地复垦的有关规定对使用后的林地进行复垦。

(5)公路工程占压林木时,应控制砍伐林木数量,尽量将小胸径苗木进行移植,可作为临时场地的造林苗木。严格控制征地范围,严禁随意砍伐。临时用地范围内的林木尽量少砍或不砍,不准砍伐公益林、水土保护林及河渠堤保护林等。

(6)临时使用林地进行建设工程施工和地质勘查的,必须报经林业行政主管部门批准后,方可按照规定办理有关手续。施工中必须采取保护林地的措施,不得造成滑坡、塌陷、水土流失。

(7)穿山路段尽量以隧道形式穿越,避免路堑开挖破坏大量林木,以及进一步降低分隔森林生态系统。

(8)工程施工招标时,应将林地保护的有关条款列入招标文件,并严格执行。工程法人要增强森林保护意识,统筹工程实施临时用地,加强科学指导;监理单位要加强对施工过程中占地情况的监督,督促施工单位落实林地保护措施。工程法人组织交工验收时,应对土地利用和恢复情况进行全面检查。

(9)工程施工区域内,应做好施工期安全防火措施。10月至次年6月属于森林防火重要时期,施工期间要求施工单位与当地林业部门签订《防火责任书》,加强管理,采取合理措施做好防火工作,防止森林火灾发生,并设置防火警示牌。

（10）施工人员应使用自带的清洁燃料，禁止砍伐当地的森林植被作燃料。

（11）绿化物种以乡土树种为主，遵循适地适树原则，防止因外来物种引起生物风险。以"国道318线川藏公路（西藏境）102滑坡群整治工程"为例，在现场调查中发现乔松幼苗在砂砾土环境下能够很好地生长，由于乔松适应性很强，天然更新良好，生长较快，工程区域山体滑坡对植被破坏后，裸地将很快被演替为尼泊尔桤木次生林，所以，该工程植被恢复措施主要采用播种乔松和尼泊尔桤木种子植被。

图2-5为公路路域干扰区森林植被自然恢复。

图2-5　公路路域干扰区森林植被自然恢复

五、草地生态保护措施

（1）对于公路工程征占草地，尤其是基本草原，建设单位应按照《中华人民共和国草原法》等国家和地方的相应法律法规办理征占草地的相关手续。

（2）建设征收、征用集体所有的草原的，应当依照《中华人民共和国土地管理法》的规定给予补偿；建设使用国家所有的草原的，应当依照国务院有关规定对草原承包经营者给予补偿。建设征收、征用或者使用草原的，应当交纳草原植被恢复费。

(3)公路工程建设占压低覆盖度草地(草原)时,施工前应该注意先剥离表层土壤,并临时堆积在征地范围内,表层土壤回填施工场地作为植被恢复的土壤基质。

(4)公路工程建设占压草地(草甸)时,施工前应先剥离草毡层,并临时集中堆放,做好苫盖和排水措施,及时将表土和草毡层覆于施工场地。

(5)在施工区域内,应做好施工期林草安全防火措施。11月至次年6月为草原防火期,施工期间要求施工单位与当地农牧、草原部门签订《防火责任书》,加强管理采取合理措施做好防火工作,防止草原火灾发生。运营期公路两侧应树立防火警示牌,警示驾乘人员注意防火。

(6)施工完毕后,及时平整临时占地,回铺草皮或撒播草籽等措施恢复草原植被。

(7)植物物种的选择要遵循适地适草原则,选用当地物种,避免因引外来物种引起生物入侵危害。遵循植物适应、生长的自然规律,依靠乡土草种的优良特性,采用自然和人工恢复相结合方式促进植被恢复。

图2-6为公路路域干扰区草原植被自然恢复。

图2-6 公路路域干扰区草原植被自然恢复

六、湿地生态保护措施

湿地主要分为沼泽湿地、河流湿地和湖泊湿地等。

(1)公路工程属于线形交通,工程线位不可避免将涉及各类型湿地,但在工程设计阶段，公路线位尽量避让湿地。

（2）若公路工程不可避免穿越湿地，尽量以桥梁形式跨越，设计过水涵洞，降低公路阻隔湿地水系联系和侵占的影响。

（3）对于沼泽草甸区，严格划界施工，避免破坏草甸植被；保护桥梁下方草甸植被，尽量不干扰、破坏；施工前应加强对高寒草甸草毡层的剥离和利用，路基和桥墩施工前，先剥离高寒草甸草毡层，在条件许可的情况下采用人工剥离草皮，草皮的形状尽量保持规则。剥离的草皮每隔500m集中堆积在路基两侧，做好苫盖和排水措施，并在施工期对于临时堆放的草皮需定期进行洒水等养护工作，以利于后期草皮回覆后成活。及时将草毡层覆于路基边坡和桥梁下方施工区域。

（4）填方路段清除表层腐殖土，换填碎石、石渣（硬质岩）等透水性材料，路基基底及两侧纵横向预埋碎石盲沟引排地下水。路基边坡尽量设计为直立挡墙，减少占压湿地面积。

图 2-7 为公路穿越湿地生态系统。

图 2-7 公路穿越湿地生态系统

七、荒漠生态保护措施

（1）沙区路基施工在公路两侧就近取沙，取沙以沙丘为主。路堤边坡利用草方格固定取沙场的流沙，需在网格内播种草种，进行人工植被防护措施，以便保障路堤边坡的稳定。路堑边坡防护形式多样，有卵石护坡、尼龙防护网、椰壳生态垫、积沙平台和低立式网格沙障+固沙植物防护等。植物防护措施主要为植物方格沙障、沙障内种植耐风沙植物（柠条、沙打旺等）。

（2）取沙点应选在沙丘的背风坡或是沙丘的坡脚，避免在沙丘的顶部或迎风坡面取沙。取土场取沙前的表土收集、削坡、平台平整及土地整治和覆土改造等；植物防护措施包括植物方格沙障+种植耐风沙植物。弃土场防护措施主要有削坡工程、土地整治、覆土改造及植被防护等。

（3）在公路运营期间，填方路段做好边坡防护，采用挡沙墙的措施来阻止风沙流进入公路，在挖方路段的边坡防护中采用高立式沙障、低立网格沙障、积沙平台来防治风沙流的入侵。

图 2-8 为公路穿越风沙生态防护。

图 2-8　公路穿越风沙生态防护

八、耕地生态保护措施

公路工程征用耕地时，首先要严格按照《公路建设工程用地指标》控制工程占地数量，严格按照《关于进一步做好基本农田保护有关工作的意见》和自然资源部有关保护耕地的制度要求，工程选线要尽可能避免占用基本农田，并且严格执行《中华人民共和国土地管理法》《中华人民共和国基本农田保护条例》《关于在公路建设中实行最严格的耕地保护制度的若干意见》的有关规定。在公路建设中进一步合理利用土地资源，引导集约用地，提高土地利用率，做好基本农田保护工作。

（1）对于公路建设工程，建设单位应委托咨询单位开展工程建设工程用地预审文件编制工作，如征地费用及补充耕地方案等，建设单位将向自然资源主管部门申请批复工程建设用地。

（2）根据《中华人民共和国基本农田保护条例》（国务院令第 257 号）第二十四条规定，在建设工程环境影响报告书中，应当有基本农田环境保护方案。

（3）《关于在公路建设中实行最严格的耕地保护制度的若干意见》（交公路发〔2004〕164 号）要求在工程立项和可行性研究阶段，工程设计阶段、工程实施阶段都要严格保护耕地、保护基本农田。

（4）根据《中华人民共和国土地管理法》第二十五条规定，经国务院批准的大型能源、交通、水利等基础设施建设用地，需要改变土地利用总体规划的，根据国务院的批准文件修改土地利用总体规划。《中华人民共和国基本农田保护条例》第十六规定,经国务院批准占用基本农田的,当地人民政府应按照国务院的批准文件修改土地利用总体规划,并补充划入数量和质量相当的基本农田。占用单位应当按照占多少、垦多少的原则、负责开垦与所占基本农田的数量与质量相当的耕地;没有条件开垦或者开垦的耕地不符合要求的,应当按照省、自治区、直辖市的规定缴纳耕地开垦费,专款用于开垦新的耕地。工程占压基本农田的,应按照上述规定补充相应数量的基本农田。

(5)为保持基本农田的数量平衡,必须依照《中华人民共和国土地管理法》《中华人民共和国基本农田保护条例》等有关规定的审批程序和审批权限向县级以上人民政府土地管理部门提出申请,经同级农业行政主管部门签署意见,报国务院审批。经批准占用的耕地,按照"占多少,垦多少"的原则,认真执行耕地补偿制度。建设单位对工程占用的耕地和基本农田,按规定应交纳征用该土地的耕地开垦费,专款用于开垦新的耕地。

(6)做好基本农田调整、补划工作。工程建设占用基本农田经依法批准后,省(自治区、直辖市)人民政府、当地县、市(地区)级人民政府应按国务院批准文件修改土地利用总体规划,并补充划入数量和质量相当的基本农田。

(7)在满足公路设计相关要求情况下,路线布设尽量避让基本农田,避让高产良田和经济作物区。尽可能降低路基高度、收缩边坡,进一步减少占用耕地数量。

(8)合理优化互通立交等设计,减少其占压耕地数量,尽量利用未利用土地。

(9)公路工程通信、供电等系统的管线,在符合技术、经济、安全的条件下,尽可能在用地范围内布设。

(10)工程施工招标时,应将耕地保护的有关条款列入招标文件。取土场、弃渣场、预制场、施工营地等临时用地禁止占压基本农田,并严格执行,对于占压一般农田的临时用地,施工完毕后及时复耕。

(11)根据国家有关基本农田保护法律、法规规定,施工期临时工程应禁止占用基本农田。在工程下一阶段的设计中应进一步优化设计,避免施工期临时工程占用基本农田。

(12)临时占地工程应优先选择能够最大程度节约土地、保护耕地的方案,要充分利用荒地、废弃地、劣质地等,避免占压高产良田。对于施工期临时工程占地,应做好恢复计划。对于计划恢复为耕地和林地等各类占地,在工程开工前,应先剥离表土堆置在一边,工程完成后,平整场地,回填表土,进行植被恢复或农田基本建设,以减少公路建设对耕地的占用。

(13)工程施工便道应尽量利用现有道路,新修便道尽量避开耕地,减少施工便道对农田的破坏,施工营地、预制场等的设置应尽量减少占压耕地。临时占用的耕地,应就地进行恢复原有的土地类型。

(14)对于路基施工区内有肥力的表土层,应在工程施工前先对其进行剥离,平均剥离厚度按30cm计,可用于新开垦耕地、其他耕地的土壤改良或覆盖于路基边坡。

(15)在符合法律规定确需占用基本农田时,必须按法定程序报有关部门批准农用地转用和土地征收。依法批准或经法定程序通过调整规划占用基本农田的,征地补偿按法定的最高标准执行,对以缴纳耕地开垦费方式补充耕地的,缴纳标准按当地最高标准执行。

(16)规范基本农田补划行为,保证补划的基本农田落到地块,确保基本农田数量和质量的平衡,防止占优补劣。

(17)建设单位要增强耕地保护意识,统筹工程实施临时用地,加强科学指导;环境监理单位要加强施工过程中占地情况的监督,督促施工单位落实土地保护措施。在组织交工验收时,应对土地利用和恢复情况进行全面检查。

(18)工程施工招标时,应将耕地保护的有关条款列入招标文件,施工营地、预制场等临时用地禁止占用基本农田,并严格执行,占压耕地的必须复耕。

(19)公路绿化要认真贯彻《国务院关于坚决制止占用基本农田进行植树等行为的紧急通知》的有关要求,公路沿线是耕地的,禁止征用耕地进行公路绿化。

(20)公路设计中尽量保持原有排灌系统的整体性,以桥涵、分离式立交等形式降低对农田水利设施、农机道路和农田的切割。当不得已占用排灌渠时,则采取恢复或新建等措施妥善处理,施工过程中建设单位及时与当地政府和农民协商,依照他们的要求可适当调整涵洞和通道的位置与数量,以保障排灌系统和农机具的正常耕作。同时,设计部门也应根据通道的不同用途及实际需要对通道的净空、净宽进行设计,尽量满足农田灌溉和农机工具通过的需要。

(21)合理选择路线方案,尽量避开高产良田,结合农村建设尽可能为群众提供方便条件。在后续设计阶段,新建路段要注意避让高产农田,路线选择尽量在低产田区域通过,节约耕地,节省良田,同时尽量减小对基本农田的条块分割。

(22)采取改地、造地、复耕等综合措施进行土地恢复改造,减少耕地损失。

九、野生动物保护措施

(1)在公路施工期间,加强施工人员的宣传教育和科学管理,提高施工人员的保护意识,自觉维护野生动物的生存环境。使其必须遵守《中华人民共和国野生动物保护法》相关规定,保护野生动物。禁止追赶、捕杀、捡食野生动物等行为;尽量不侵扰野生动物正常的繁衍生息;尽量保护河流湖泊湿地和周边环境,严禁在河流水域打鱼。

(2)要注意合理采砂和采石料,不得随意布设取料场,防止破坏野生动物的栖息地。严禁随意扩大施工范围破坏植被。

(3)工程爆破作业尽量安排在昼间,避免夜间爆破对野生动物栖息产生影响。爆破尽量采用先进的小剂量、低威力、低爆速炸药和微差爆破技术以及水封等爆破工艺进行作业,减小隧道爆破施工对周围鸟类的影响,并且尽量缩短工期;严禁弃渣于河流内。

(4)桥墩涉水施工时合理安排施工时间,采取围堰施工工艺。严禁施工废水直接流入沿线河流,避免对水生生物产生影响。

(5)野生动物通道研究是道路交通建设中应给予高度关注的重要方面,必须始终贯穿交通工程的设计阶段、建设阶段以及运营阶段。在公路设置的桥梁下方动物通道处设置喇叭形外扩引导围栏,引导动物顺利通过公路。例如青藏高原动物通道设置的原则是:综合推荐该工程中应设计高度≥4.0m,跨径≥12m的桥梁下方通道作为白唇鹿、豹和熊等动物活动、迁移的通道;设计高度≥3.5m,跨径≥12m的桥梁下方通道作为岩羊等动物活动、迁移的通道;设计高度≥3.0m,跨径≥12m的桥梁下方通道作为狼、藏原羚、林麝以及马麝等动物活动、迁移的通道。

(6)在桥梁、隧道、通道、涵洞工程设计过程中,应充分考虑野生动物通行问题,同时充分发挥野生动物通道作用,降低公路交通对沿线野生动物的阻隔作用。定期对动物通道进行检查,清除通道下方的沉积物,保持通道的通畅。

(7)应当在野生动物频繁出没的区域的路段两端分别树立"减速慢行和禁止鸣笛"的保护野生动物警示牌,提醒来往车辆减速慢行、禁止鸣笛、注意避让。

(8)对于涉及野生动物类型的生态敏感区,应制定野生动物监测方案,施工期用于摸清野生保护动物活动规律,运营期监测动物通道的有效性。同时开展以动物通道有效性为主要内容的科研生态监测,并及时优化保护方案,同时为动物通道研究积累数据,为野生动物选择通道提供科学依据。

(9)建设单位可委托专业科研机构开展工程建设对野生动物影响专题报告,落实专题报告中的野生动物保护措施。

(10)野生动物通道设置,公路野生动物通道从形式上分为三种,分别为上跨式通道、下穿式通道和缓坡通道。上跨式通道主要是借助道路上方隧道形式路面和以搭建"过街天桥"和钻挖隧道的形式修建,使野生动物从公路上方通过;下穿式通道主要有涵管、地道、涵洞、高架桥下通道等形式；缓坡通道是通过改造路基，降低公路路基两侧的坡度，诱导野生动物从路基上穿越公路的一种通道形式。动物通道按照体积分为两大类，分别为大通道和小通道。当野生动物通道直径或高度小于 1.5m 时，将其划分为小通道，小通道主要为两栖类、爬行类的小型动物设计的；当野生动物通道直径或高度大于 1.5m 时，则划为大通道，大通道主要为大型哺乳动物和其他类型动物而设计的。在野生动物通道出入口设置围栏和围网，便于野生动物寻找通道，同时阻止野生动物穿越道路时引发行车安全和伤害到野生动物。可以在动物通道附近修建野生动物饮水池或盐带，诱导野生动物利用动物通道通行。

动物通道类型优缺点比选分析见表 2-1。

动物通道类型优缺点比选分析表 表 2-1

通道类型		优　点	缺　点
上跨式动物通道		1. 对野生动物来讲非常安全，因而该类型通道对不少种类的动物来说很友好； 2. 通道环境与自然一致，对景观格局影响小； 3. 通道受下方的车辆干扰小，有利于动物通过； 4. 通道上还可作为小型动物的过渡性栖息地	1. 对桥梁自身和过往车辆的安全都构成了不安全因素； 2. 景观协调性较差
下穿式动物通道	桥梁形式通道	可以满足多种类型动物迁移、觅食、繁殖等活动的需要，但需根据动物体征及习性，针对性设计	—
	涵洞形式通道	数量多，能满足小型动物往返工程两侧的需要	1. 体型小的动物可以通过，体型稍大的动物通过比较困难； 2. 容易积水
缓坡通道		1. 可以满足多种类型动物迁移、觅食繁殖等活动的需要； 2. 能很好地连接两侧野生动物的栖息环境，降低廊道效应	1. 容易发生车辆与野生动物相撞事故； 2. 存在野生动物误入公路，沿公路行进的危险； 3. 工程为全封闭一级公路，动物无法从路面上穿行

公路野生动物通道如图 2-9 所示。

图 2-9　公路野生动物通道

十、冻土生态保护措施

（1）在工程设计中的片石路基是满足稳定性要求的，对冻土环境起到了有效的保护作用。多年冻土区路基填筑应根据路段冻土上限不等，采用片石通风路基或热棒导热，以控制地表温度；或控制路基填土高度，使在公路使用年限内能维持基底多年冻土不下降的最小高度要求。

（2）要对路面做好防水、排水等相关措施，特别是对盲沟、渗透沟和排水沟等。

（3）开挖边坡时，应对边坡及时进行保温防护，以防止冻土层暴露地表，冻土消融，或切断地下径流，引发热融坍塌、融冻泥流。

（4）在工程基础开挖时，应设置保温层，或不扰动冻土，以保持基础冻结低温状态。

（5）在隧道洞口外边仰坡上方喷涂一层保温材料，与洞内保温层一起维持洞口段不受冻。

（6）依据洞口地形情况，加强洞口段防排水，减轻冻胀力的影响。在洞口段地表根据地形情况设置截、排水沟等，将地表水及时引离隧道，防止地表水下渗。

图 2-10 为公路保护冻土环境。

图 2-10　公路保护冻土环境

十一、公路绿化

建设单位应委托有绿化公路设计相关资质单位对公路绿化和景观整体规划设计,绿化物种以乡土植物种为主,防止因外来物种,引起生物风险。

1. 公路景观、绿化环保要求

工程绿化应充分考虑有关行车要求、交通安全、环境状况、自然条件及道路养护、生物风险等问题。

(1)生态适应性:在公路景观与绿化设计中选用的植物,要求遵循适地适树原则,优先考虑乡土树种;应具有最佳适应性,表现为抗逆性强、生长发育正常、病虫害少以及易繁殖等性状;水土保持能力强,生物防护性能好。在绿地范围内保留原有的景观树,以恢复地方性植被为主、外来适生树种为辅,防止生物入侵。

(2)景观美观性:在总体规划的基础上,采用生态绿化方法,增进道路与环境的协调和谐,恢复自然生态美,充分发挥绿化在景观形成和生态环境保护方面的各种功能,呈现一道现代高速公路景观。

(3)经济实用性:在公路景观与绿化设计中,既要追求生态效应,也要到考虑到节约经济,尽量降低造价和后期绿化管护费用,这就要求在选用绿化植物时,应考虑易于施工、便于养护、适应性强、管理粗放和价格低廉的植物种类;在满足公路绿化美化效果的同时适当考虑结合生产,达到以绿养绿的目的,从而间接减少投资。

(4)交通安全性:充分考虑行车视距及防眩光等道路交通安全方面的要求。

(5)重要构造物景观协调性:服务区设施、收费设施及桥梁、互通立交、隧道等地建设应与沿线的建设统一规划,注意景观上与周围自然景观的协调一致。

2. 工程绿化方案

为保持生态环境,减少水土流失,应对在施工期间遭到破坏的地方在施工结束后尽快予以恢复,如临时占地复耕、造林及生态绿化。主体工程施工结束后,应尽快栽植行道树、护坡草,并对互通立交、服务区、收费站等设施绿化。具体绿化方案如下:

(1)填方路基边坡:边坡坡面采用矩形格网防护或植草皮,格网中间植草或灌木。绿化品种根据各地实际情况适地适树原则选择优势树种,形成一地一景,地方特色鲜明。道路两侧坡脚以外,尽可能设置绿化带,以乔木为主,配以高度适宜的灌木丛,错落有致,除起美化景观作用外,可以减轻汽车尾气对公路两侧环境的污染,并增添道路景观。

(2)路堑边坡：土质边坡采用液压喷播植草防护，并结合土质进行锚杆固定边坡，石质边坡采用挂网客土液压喷播植草防护，通过路堑边坡的绿化，避免裸露的岩体对公路景观的影响。

(3)互通式立交：在立交两边以不妨碍行车视线为条件进行植树绿化。互通式立交区可采用种植爬山虎进行立体绿化，中间空地以植草为主，适当种植一些耐修剪的低矮灌木花卉、园林树种。不仅起到保护生态环境作用，也达到美化环境的效果。

(4)中央分隔带：采用植草绿化，并按一定距离栽植桧柏、荆条、紫叶李、大叶黄杨等，兼起防眩作用。

(5)服务区等设施：对服务区、养护工区进行适当园林式美化，主要是种植草坪，建筑一些小品，种一些花卉。工程绿化要具有一定人文历史内涵，与服务区优美的建筑协调。

(6)隧道：两端洞口的建设要注重保护原有的自然生态环境，尽量减少破坏原有景观。洞口的景观设计要与四周环境相协调，除必要的进洞口标志"明示"外，要尽量做到自然生态，使洞口的景观与山景融为一体。

(7)行道树绿化：在公路征地范围内每侧按种植两排绿化树种行间距1m×2m，沿线绿化树种，树种要与沿线林木一致，如：刺槐、侧柏、雪松、枫杨、柳树、速生杨、泡桐等。

(8)施工便道绿化：恢复其原有土地功能，及时复耕或复垦种树植草。

图2-11为公路景观绿化。

图2-11 公路景观绿化

第三章

公路声环境保护

第一节　声环境质量现状

区域声环境：2021 年，开展昼间区域声环境监测的 324 个地级及以上城市平均等效声级为 54.1dB。16 个城市昼间区域声环境质量为一级，占 4.9%；200 个城市为二级，占 61.7%；102 个城市为三级，占 31.5%；6 个城市为四级，占 1.9%。

道路交通声环境：2021 年，开展昼间道路交通声环境监测的 324 个地级及以上城市平均等效声级为 66.5dB。232 个城市昼间道路交通声环境质量为一级，占 71.6%；80 个城市为二级，占 24.7%；9 个城市为三级，占 2.8%；3 个城市为四级，占 0.9%。

功能区声环境：2021 年，开展功能区声环境监测的 324 个地级及以上城市各类功能区昼间达标率为 95.4%，夜间达标率 82.9%。

注：本节内容摘自生态环境部公布的《2021 年中国生态环境状况公报》。

第二节　公路对声环境影响

一、公路施工期对声环境影响

公路工程施工期噪声主要来源于施工机械和运输车辆产生的噪声。

根据《建筑施工场界环境噪声排放标准》(GB 12523—2011)，昼间的噪声限值为 70~75dB，夜间限值为 55dB。

施工噪声可按点声源处理，根据合成声源、点声源噪声衰减模式，估算出离声源不同距离处的噪声值，预测模式如下：

合成声源计算模式：

$$L_A = 10\lg(\sum_{i=1}^{n} 10^{L_i/10}) \tag{3-1}$$

式中：L_A——合成声源声级，dB(A)；

n——声源个数；

L_i——某声源的噪声值，dB(A)。

点声源衰减模式：

$$L_i = L_o - 20\lg\frac{r_i}{r_o} \tag{3-2}$$

式中：L_i——距声源 $r_i(m)$ 处的声级，dB(A)；

L_o——距声源 $r_o(m)$ 处的声级，dB(A)。

昼间施工机械噪声在距施工场地 100m 处可达到标准限值，夜间在 400m 处可达到标准限值。公路施工机械噪声对沿线声环境质量和声环境敏感目标产生一定影响，尤其是对夜间的声环境质量影响明显。

二、公路运营期声环境影响

近年来，公路的运量持续增大，噪声污染危害愈加凸显。车辆行驶过程中，车轮与地面摩擦产生的噪声、发动机产生的噪声、汽车鸣笛等产生的交通噪声，将对公路沿线的声环境质量和声环境敏感目标产生一定的影响，而且该影响属于长期不可逆的。我国交通干线噪声测量数据显示，高速公路噪声高频波段噪声易被空气吸收，无法有效地传播，噪声污染主要集中在中低频波段。因此，阻断中低频波段噪声传播是高速公路噪声治理的重点。

随着公路车流量的不断增加及新建公路的陆续开通，噪声污染愈加严重。目前，公路交通噪声污染是民众关注的焦点，也是公路环境保护方面的主要环保投诉热点，交通建设管理部门应高度重视公路交通噪声防治问题。目前，主要通过公路交通噪声预测或现场监测评估公路交通噪声对声环境敏感目标的影响程度，若公路交通噪声预测值或监测值不满足《声环境质量标准》(GB 3096—2008)的相应标准，交通建设管理部门应采取相应的噪声防治措施，降低对声环境质量和声环境敏感目标的影响。

公路交通噪声排放应满足《声环境质量标准》(GB 3096—2008)按区域的使用功能特点和环境质量要求，声环境功能区分为以下五种类型：

0 类声环境功能区：指康复疗养区等特别需要安静的区域。

1 类声环境功能区：指以居民住宅、医疗卫生、文化教育、科研设计、行政办公为主要功能，需要保持安静的区域。

2 类声环境功能区：指以商业金融、集市贸易为主要功能，或者居住、商业、工业混杂，需要维护住宅安静的区域。

3 类声环境功能区：指以工业生产、仓储物流为主要功能，需要防止工业噪声对周围环境产生严重影响的区域。

4 类声环境功能区：指交通干线两侧一定距离之内，需要防止交通噪声对周围环境产生严重影响的区域，包括4a类和4b类两种类型。4a类为高速公路、一级公路、二级公路、城市快速路、城市主干路、城市次干路、城市轨道交通(地面段)、内河航道两侧区域；

4b 类为铁路干线两侧区域。

各类声环境功能区环境噪声限值见表 3-1。

各类声环境功能区环境噪声限值[单位:dB(A)] 表 3-1

声环境功能区类别		时 段	
		昼间	夜间
0 类		50	40
1 类		55	45
2 类		60	50
3 类		65	55
4 类	4a 类	70	55
	4b 类	70	60

公路交通对沿线声环境和敏感点的影响程度,可按照声环境影响预测模式进行预测。

公路交通噪声级计算模式如下:

$$L_{eq}(h)_i = (\bar{L}_{0E})_i + 10\lg\frac{N_i}{Tv_i} + 10\lg\left(\frac{7.5}{r}\right) + 10\lg\left(\frac{\Psi_1 + \Psi_2}{\pi}\right) + \Delta L - 16 \quad (3-3)$$

$$\Delta L = \Delta L_1 - \Delta L_2 + \Delta L_3 \quad (3-4)$$

$$\Delta L_1 = \Delta L_{坡度} + \Delta L_{路面} \quad (3-5)$$

$$\Delta L_2 = A_{atm} + A_{gr} + A_{bar} + A_{misc} \quad (3-6)$$

$$L_{eq}(T) = 10\lg[10^{0.1L_{eq}(h)大} + 10^{0.1L_{eq}(h)中} + 10^{0.1L_{eq}(h)小}] \quad (3-7)$$

式中:$L_{eq}(h)_i$——第 i 类车的小时等效声级,dB(A);

$(\bar{L}_{0E})_i$——水平距离为 7.5m 处的能量平均 A 声级,dB(A);

N_i——昼间、夜间通过某个预测点的第 i 类车平均小时车流量,辆/h;

r——从车道中心线到预测点的距离,m;

v_i——第 i 类车的平均车速,km/h;

T——计算等效声级的时间,1h;

Ψ_1、Ψ_2——预测点到有限长路段两端的张角,rad;

ΔL_1——线路因素引起的修正量,dB(A);

$\Delta L_{坡度}$——公路纵坡修正量,dB(A);

$\Delta L_{路面}$——公路路面材料引起的修正量,dB(A);

ΔL_2——声波传播途径中引起的衰减量,dB(A);

A_{atm}——大气吸收引起的衰减,dB(A);

A_{gr}——地面效应衰减,dB(A);

A_{bar}——屏障引起的衰减,dB(A);

A_{misc}——其他多方面原因引起的衰减,dB(A);

ΔL_3——由反射等引起的修正量,dB(A);

$L_{\text{eq}}(T)$——总车流等效声级,dB。

对于新建或改扩建公路工程,根据上述预测模式,结合公路工程设计的各种参数,计算出沿线典型路段评价特征年度的交通噪声预测值。确定公路两侧距中心线距离,作为下一步预测距离范围依据。考虑不同路基形式和路基高度,预测声环境敏感目标噪声值。公路运营期交通噪声对沿线声环境敏感目标将会造成一定影响,必须采取切实有效的降噪措施,以保护沿线的声环境。

第三节 噪声污染防治措施

一、施工期噪声污染防治措施

(1)合理科学地布局施工现场是减少施工噪声污染的主要途径,如将施工现场的固定振动源相对集中,以减小影响的范围;如对可固定的机械设备如空气压缩机、发电机安置在施工场地临时房间内,房屋内设隔音板,降低噪声。施工营地、料场、材料制备场地应尽量远离声环境保护目标。

(2)合理安排作业时间,排放噪声强度大的施工应尽量安排在7—12时和14—20时施工。严格限制夜间进行有强振动的施工作业。在沿线居民区周围附近禁止当日23时至次日6时从事风镐、电锤等机械设备的施工,在学校、科研单位附近,施工单位应与校方、科研单位协商大型机械的作业时间,以免干扰正常教学、科研试验。避免高噪声施工机械在同一区域内使用。

(3)施工运输车辆,尤其是大型运输车辆,主要运输道路应尽可能远离声环境敏感目标,不可避免地应设置禁鸣标志。

(4)施工单位应尽量选用低噪声、低振动的各类施工机械设备,并带有消声和隔音的附属设备;避免多台高噪声的机械设备在同一工场和同一时间使用;对排放高强度噪声的施工机械设备工场,应在靠近声环境敏感目标一侧设置隔声挡板或声屏障。

(5)施工噪声、振动仍可能对周围环境产生一定的影响,应及时向沿线受影响的居民和有关单位做好宣传工作,以提高人们对不利影响的心理承受力;加强施工现场的科学管理,做好施工人员的环境保护意识的教育;大力倡导文明施工的自觉性,尽量降低人为因素造成施工噪声的加重。

(6)建设单位在进行工程承包时,应将有关施工噪声控制纳入承包内容,并在施工和工程监理过程中设专人负责,以确保控制施工噪声措施的实施。

(7)施工单位要确保施工噪声满足现行《建筑施工场界环境噪声排放标准》(GB 12523),认真贯彻落实《中华人民共和国噪声污染防治法》等有关国家和地方的相关规定。

(8)打桩机、推土机、铲平机、挖土机等强噪声源设备的操作人员应配备耳塞,加强防护。

二、运营期噪声污染防治措施

(1)顶层规划布局合理,政府主管部门应从顶层规划综合治理公路交通噪声,如相关城镇等规划部门、生态环境部门、交通管理部门应统筹系统全面做好城市规划,在公路沿线两侧的城镇规划中,依据生态环境部门提供的科学数据,合理规划、科学布局,避免产生新的噪声环境敏感目标。在公路噪声防护距离范围内临路首排不宜建设集中居民区、医院、学校等声环境敏感目标。同时,公路交通规划选线阶段应主动避绕居民区、学校等声环境敏感目标。

(2)交通管理部门应加强对公路上车辆的规范性管理,一方面严格限制超标、超载以及不符合上路规格的车辆上路行驶,另一方面对车辆速度进行合理限制,尤其在噪声敏感区域路段施行速度管理,严禁超速行驶,降低噪声源的运行功率,从而减轻噪声污染。

(3)控制噪声源辐射,利用特殊材料铺设高速公路路面,能够有效降低高速公路噪声污染。例如采用大孔隙率技术,将高孔隙率的沥青混合料铺筑在高速公路路面上,降低轮胎与路面摩擦噪声;在高速公路路面上铺设一层具有较大弹性与阻尼的材料,此材料可有效吸收路面与轮胎产生的振动和冲击能量,降低轮胎与路面间的振动噪声;在路面铺设过程中,选择具有减轻路面噪声、不明显凸起的路面花纹,以更好地反射和吸收路面噪声。严格控制施工质量,确保路面平整,保证在道路运营期不发生下沉、裂缝、凹凸不平等问题而增加车辆行驶噪声。

(4)控制噪声传播途径,充分利用公路用地,营造乔灌林木的绿化带。

（5）加强对驾乘人员的交通噪声防治宣传，树立禁止鸣笛警示牌，减少车辆鸣笛。

（6）对声环境超标的敏感目标应采取相应降噪措施，主要是阻断噪声能量传播，其中主要措施有声环境敏感目标环境搬迁、改变声环境敏感目标使用功能，适用声屏障、隔声窗、绿化林带，修建围墙、防噪路堤等。根据生态环境部 2010 年发布的《地面交通噪声污染防治技术政策》，交通运行造成的环境噪声污染，应首先考虑设置声屏障措施对噪声敏感目标进行保护。

（7）公路管理部门应加强运营期交通噪声污染防治，开展交通噪声跟踪监测，对超标的声环境敏感目标及时采取相应降噪措施。重视噪声污染环保投诉，妥善解决投诉问题，及时对投诉点声环境敏感目标噪声监测，视监测结果采取相应降噪措施。

图 3-1 为公路声屏障。

图 3-1　公路声屏障

第四章

公路环境空气保护

第一节　环境空气质量现状

全国空气质量：2021年，全国339个地级及以上城市中，218个城市环境空气质量达标，占64.3%；121个城市环境空气质量超标，占35.7%。339个城市平均优良天数比例为87.5%，以PM2.5、O_3、PM10、NO_2和SO_2为首要污染物的超标天数分别占总超标天数的39.7%、34.7%、25.2%、0.6%和不足0.1%，未出现以SO_2为首要污染物的超标天。六项污染物PM2.5、PM10、O_3、SO_2、NO_2和CO浓度分别为30$\mu g/m^3$、54$\mu g/m^3$、137$\mu g/m^3$、9$\mu g/m^3$、23$\mu g/m^3$和1.1$\mu g/m^3$。

重点区域：京津冀及周边地区"2+26"城市优良天数比例范围为60.3%~79.2%，平均为67.2%。以O_3、PM2.5、PM10为首要污染物的超标天数分别占总超标天数的41.8%、38.9%、19.3%，未出现以NO_2、SO_2和CO为首要污染物的超标天。六项污染物PM2.5、PM10、O_3、SO_2、NO_2和CO浓度分别为43$\mu g/m^3$、78$\mu g/m^3$、171$\mu g/m^3$、11$\mu g/m^3$、31$\mu g/m^3$和1.4$\mu g/m^3$。

长三角地区41个城市优良天数比例范围为74.8%~99.7%，平均为86.7%。以O_3、PM2.5、PM10和NO_2为首要污染物的超标天数分别占总超标天数的55.4%、30.7%、12.3%和1.7%，未出现以SO_2和CO为首要污染物的超标天。六项污染物PM2.5、PM10、O_3、SO_2、NO_2和CO浓度分别为31$\mu g/m^3$、56$\mu g/m^3$、151$\mu g/m^3$、7$\mu g/m^3$、28$\mu g/m^3$和1.0$\mu g/m^3$。

汾渭平原11个城市优良天数比例范围为53.2%~80.8%，平均为70.2%。以O_3、PM2.5、PM10为首要污染物的超标天数分别占总超标天数的39.3%、38.0%、和22.7%，未出现以NO_2、SO_2和CO为首要污染物的超标天。六项污染物PM2.5、PM10、O_3、SO_2、NO_2和CO浓度分别为42$\mu g/m^3$、76$\mu g/m^3$、165$\mu g/m^3$、10$\mu g/m^3$、33$\mu g/m^3$和1.3$\mu g/m^3$。

注：本节内容摘自生态环境部公布的《2021年中国生态环境状况公报》。

第二节　公路对环境空气影响

一、公路施工期对环境空气影响

公路施工对周围环境空气质量的污染，主要为路基填料施工、灰土拌和、车辆运输等产生的扬尘,以及沥青混凝土制备过程及路面铺浇沥青等产生的沥青烟气。

(1)施工扬尘影响。工程拆迁、平整土地、打桩、铺浇路面、材料运输、装卸和搅拌物料等环节都会产生扬尘,其中主要为运输车辆道路扬尘和施工作业扬尘。由于公路建设时需要拆除一些建筑物,在这个过程中,将会造成工程拆迁场地附近区域环境空气中TSP(Total Suspended Particulate,总悬浮颗粒物)含量增高,从而对周围环境空气质量造成一定的影响。根据同类工程建设经验,施工区内车辆运输引起的道路扬尘约占场地扬尘总量的50%以上。道路扬尘的起尘量与运输车辆的车速、装载质量、轮胎与地面的接触面积、路面含尘量、相对湿度等因素有关。若施工区内路面含尘量高,则道路扬尘比较严重。特别在混凝土工序阶段,灰土运输车引起的扬尘对道路两侧影响更为明显。根据相关资料研究结果,在距路边下风向50m,TSP浓度大于$10mg/m^3$;距路边下风向150m,TSP浓度大于$5mg/m^3$。在大风天气下,砂石料起尘对下风向环境空气质量的影响范围约为200m,会给该范围内的环境保护目标造成一定影响。平整土地、取土、筑路材料装卸、灰土拌和、钢梁安装、桥面铺设等各种施工扬尘中以灰土拌和所产生的扬尘最严重,以灰土拌和采用站拌方式,扬尘影响相对集中,但影响的时间较长,局部影响程度较重。根据相关公路施工期灰土拌和扬尘监测结果,采取站拌方式时,施工场地下风向100m内扬尘影响较严重,至下风向150m处TSP浓度在$0.50mg/m^3$左右。距施工场地下风向300m以外扬尘的影响较小。

(2)作业机械废气污染。公路施工机械主要有载货车、压路机、打桩机、柴油动力机械等燃油机械,排放的污染物主要有CO、NO_2、THC。由于施工机械大多为大型机械,单车排放系数大,但施工机械数量少且分散,其污染程度相对较轻。根据相关公路施工现场监测结果,在距离现场50m处,CO、NO_2小时浓度分别为$0.2mg/m^3$和$0.13mg/m^3$;日平均浓度分别为$0.13mg/m^3$和$0.062mg/m^3$,对周围环境质量产生影响较小。

(3)沥青烟气影响。路面铺设沥青混凝土时,主要污染物为沥青烟气,在沥青熬炼、搅拌和路面铺设过程中,以沥青熬炼过程沥青烟气排放量最大。沥青烟气中主要的有毒有害物质是THC。根据相关研究成果,在风速介于$2\sim3m/s$之间时,沥青铺浇路面时所排放的烟气污染物影响距离约为下风向100m,对周围环境质量产生一定的影响。

(4)隧道施工环境空气影响。隧道施工中对周围环境空气影响主要为粉尘污染。施工中打眼、放炮、装卸渣土、车辆运输、混凝土拌和和浇筑等作业均产生大量粉尘,对隧道施工人员将会产生一定影响。隧道爆破及施工中于洞内产生的CO、硝化物等有害气体及烟尘浓度较高,也会对施工人员产生一定影响。

二、公路运营期对环境空气影响

公路运行主要为汽车排放尾气和路面扬尘对环境空气的影响,车辆行驶过程中排放的污染物主要为 NO_2、CO 等,是对公路沿线空气质量的主要污染因子。根据相关监测研究成果,公路隧道出口的 NO_2 污染物能够满足环境空气质量,隧道排风对所在地环境空气影响较小,而沥青路面扬尘比较小。服务区的燃煤锅炉大气污染物烟尘、SO_2、NO_x 等排放也会对环境空气产生一定影响。目前采用 ETC(Electronic Toll Collection,电子不停车收费)收费和取消省界收费站,不仅提高了通车效率,而且也降低了汽车尾气排放对附近环境空气的影响。

第三节 环境空气污染防治措施

一、施工期环境空气污染防治措施

(1)施工运输道路应定时洒水抑尘,特别是经过城镇、村庄等居民区时要加强洒水密度和强度。

(2)运送土、砂、石等散装含尘物料的车辆,要用篷布苫盖,以防物料飞扬和撒落。对运送砂石料的车辆应限制超载,严禁沿途撒漏。粉状材料应罐装或袋装。

(3)沥青拌和站应设在开阔、空旷的地方,距离拌和站 300m 范围内无居民区。拌和站需安装必要的密封除尘装置,沥青熔化、加温、搅拌应在密封的容器中作业。配备除尘设备、沥青烟净化和排放环保设施。搅拌站操作人员配备口罩、风镜等装备。

(4)石灰、水泥和砂石料的拌和,尽量采取站拌方式。其拌和站应远离居民区敏感点(大于 300m),拌和站须配备除尘设备,加强劳动保护。灰土集中拌和,合理安排拌和点,尽量减少拌和点设置数量。

(5)筑路材料堆放地点距离居民区 200m 以上,并采取苫盖措施或定时洒水防尘。

二、运营期环境空气污染防治措施

(1)加强公路路域绿化工作,栽种可吸收或吸附汽车尾气污染物的乔木、灌木和草本植物,并做好绿化植被的养护管理工作。

(2)加强对道路的路面清扫和养护,使道路保持良好清洁和运营状态,减少路面扬尘发生。

（3）加强汽车维护管理，严格执行国家制定的汽车尾气排放标准，以保证汽车安全和减少有害气体的排放量。严格执行国家制定的尾气排放标准，无尾气排放合格证车辆禁止上路。

（4）服务区、停车区、管理所等公路附属设施除油烟装置，降低厨油烟影响。

（5）鼓励生产和使用以压缩天然气、液化石油气和电力等清洁能源为燃料的机动车。

（6）改善收费管理办法，鼓励民众使用ETC速通卡，提高收费效率，减少车辆排队滞留时间，以减轻汽车尾气对收费人员以及驾乘人员健康的影响。

（7）服务区、停车区和收费站采用电锅炉或空调供热采暖，以减少锅炉大气污染物排放。

第五章

公路水环境保护

第一节 水环境质量现状

(1)地表水。2021年,全国地表水监测的3632个国考水质断面(点位)中,Ⅰ～Ⅲ类水质断面(点位)占84.9%,劣Ⅴ类占1.2%。主要污染指标为化学需氧量、总磷、高锰酸盐指数和总磷。长江、黄河、珠江、淮河、海河、松花江、辽河七大流域和浙闽片河流、西北诸河主要河流监测的3117个国考水质断面中,Ⅰ～Ⅲ类水质断面占87.0%,劣Ⅴ类占0.9%。主要污染指标为化学需氧量、高锰酸盐指数和总磷。长江流域、西北诸河、西南诸河、浙闽片河流和珠江流域水质为优,黄河流域、辽河流域和淮河流域水质良好,松花江流域和海河流域为轻度污染。

2021年七大流域和浙闽片河流、西北诸河、西南诸河水质状况如图5-1所示。

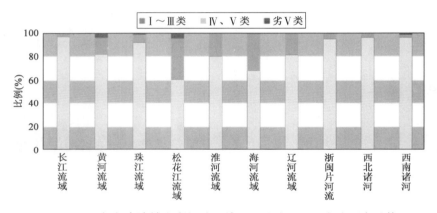

图5-1　2021年七大流域和浙闽片河流、西北诸河、西南诸河水质状况

(2)湖泊(水库)。2021年,开展水质监测的210个重要湖泊(水库)中,Ⅰ～Ⅲ类湖泊(水库)占72.9%,劣Ⅴ类占5.2%。主要污染指标为总磷、化学需氧量和高锰酸盐指数。开展营养状态监测的209个重要湖泊(水库)中,贫营养状态湖泊(水库)占10.5%,中营养状态占62.2%,轻度富营养状态占23.0%,中度富营养状态占4.3%。

(3)地下水。2021年,监测的1900个国家地下水环境质量考核点位中,Ⅰ～Ⅳ类水质监测点占79.4%,Ⅴ类占20.6%,主要超标指标为硫酸盐、氯化物和钠。

(4)城市集中式生活饮用水水源。2021年,监测的876个地级及以上城市在用集中式生活饮用水水源断面(点位)中,852个全年均达标,占94.2%。其中地表水水源监测断面(点位)587个,564个全年均达标,占96.1%,主要超标指标为总磷、高锰酸盐指数和铁;地下水水源监测点位289个,261个全年均达标,占90.3%,主要超标指标为锰、铁和氟化物,主要是由于天然背景值较高所致。

(5)重点流域水生态。2021年,全国长江、黄河、珠江、淮河、海河、松花江和辽河等七大流域水生态状况以中等、良好状态为主。701个点位中,优良状态点位占40.1%,中等状态占40.8%,较差及很差状态占19.1%。

注:本节内容摘自生态环境部公布的《2021年中国生态环境状况公报》。

第二节　公路对水环境影响

一、公路施工期水环境影响

公路建设对水环境的影响主要表现为:一是桥梁施工过程,特别是涉水桥墩施工对水环境产生一定影响;二是隧道施工过程中容易引发突水、涌泥等情况,对地下水会产生影响,若排入地表水,也将会对水环境产生影响;三是施工生产废水和施工人员生活污水的排放对环境产生一定影响。

(1)跨河(湖泊水库)桥梁施工对地表水环境影响。桥梁上部结构施工对水环境的影响轻微,由于桥梁采用预应力混凝土T(箱)梁,一般为工厂或预制场预制,运至施工现场进行组装。而桥梁下部结构施工对水环境的影响相对较大,由于开展桥梁基础施工、钻孔桩基础及围堰设置,造成水体中泥沙含量增加,导致水体悬浮物和浊度的大幅增加。据相关研究成果,施工作业中心区域的悬浮物浓度为2500~5000mg/L。为了降低悬浮物对水质的影响,目前主要采用对湖泊、河流、河床扰动小的围堰法,如钢板桩围堰等。同时在钻挖桥墩基础施工时,在其附近设泥浆沉淀池,避免钻渣土和泥浆水直接排入河流或湖泊。

(2)隧道施工对水环境的影响。隧道涌水和突水将会对地下水产生一定影响,使得地下水位不断下降,破坏生态环境,而且隧道施工废水直接排入水系将会对水环境产生影响,同时也会造成施工安全问题。例如广渝华蓥山高速公路隧道在1998年曾发生过六次大突水,最大瞬时突水量近69万m^3/d;马鹿箐隧道自2004年6月开工以来,先后发19次特大突涌水。隧道涌水预测是隧道水文地质研究重要内容。隧道涌水预测是一个复杂水文、工程地质问题,一般情况下,隧道水文地质踏勘首先应查明隧道所在水文地质单元内地下水补给、径流、排泄规律,确定隧道水文地质类型和主要充水来源、充水途径,进而计算隧道涌水量,为隧道施工过程中疏干排水方案设计提供科学依据。隧道的施工,特别是岩溶隧道涌水量的增加,若不采取措施将使区域地下水水位下降,致使山区或盆地湿地萎缩或消失、居民饮用水困难、地表植被破坏,导致生态环境退化。所以,应采取相关措施,降低其对地下水环境和水资源的影响。

(3)施工生产废水影响。建筑材料堆放于河岸边过程中如果不加防护或者防护不当,遇强降雨容易被冲刷入水体,对水体环境产生一定影响;而施工废料如果随意倾倒也将使水体中的悬浮物浓度大幅增加,还可能影响到河道行洪及水利。因此,施工中建筑材料的堆放必须采取严格的防护措施,堆放在合理的位置,表面覆盖,四周设置截、排水沟,以防止其对水体及防洪的不利影响。

施工场地冲洗废水主要是筛分砂砾料产生的含泥浊水、混凝土拌和站产生的废水。拌和站主要用于所需要的路面工程基层水泥稳定碎石的拌和、冲洗,产生的废水以混凝土转筒和料罐的冲洗废水为主要表现形式,排放有悬浮物浓度高、水量小、间歇集中排放等特点。根据有关资料,混凝土转筒和料罐每次冲洗产生的废水量约 $0.5m^3$,SS 浓度约 5000mg/L,pH 值在 12 左右,远超过《污水综合排放标准》(GB 8978—1996)中一类标准限值的要求。因此,该部分生产废水需要设置沉淀池等集中处理,达标排放。

在桥梁装配、隧道施工过程中要使用大型机械,如果机械油料泄漏或将使用后的废油直接弃入水体,将造成水体的污染。因此,施工作业时应严格避免施工废渣、废油等弃入水体。施工结束后要清理好施工现场。施工场地产生的含油污水主要来源于施工机械的修理、维护过程及作业过程中的跑、冒、滴、漏。其成分主要是柴油、汽油等石油类物质。工程施工期间采取严格的过程控制,尽量减少含油污水的产生,对所产生的含油污水集中收集,并设隔油池、蒸发池统一处理。采取上述措施后不会对沿线水体产生明显影响。

施工人员生活污水处理不当也将会对环境产生一定影响,一般现场施工人员平均按 80 人计算,施工人员生活用水量按 80L/(人·d)计算,生活污水排放量按用水量的 80% 计算,则各工地施工营地每天将产生生活污水 6.4t,其中含 COD_{cr} 3.2kg、BOD_5 1.4kg、SS 1.4kg、油脂 0.6kg。施工人员驻地的生活污水是分散的,而且仅限于施工期,时间上相对而言也是短期的,在严格采取处理措施的情况下,施工工区污水不会对沿线水环境质量产生明显的影响。但如果这些生活污水不加处理而任意排放,则会对区域水环境产生一定影响,因此,施工现场生活污水不得直接排入河流水体。同时施工营地内可修建水泥蒸发池,施工结束后覆土掩埋、平整,并根据附近环境进行绿化;其余工区生活污水应实施初步的处理如挖蒸发池,经沉淀后的固体成分定期清理,用于肥田,施工结束后将蒸发池覆土掩埋,并根据附近环境进行绿化。

二、公路运营期水环境的影响

(1)桥面径流对水环境的影响。公路路面、桥面径流污染物主要是悬浮物、油和有机物,污染物浓度受限于多种因素,如车流量、车辆类型、降雨强度、灰尘沉降量和前期干旱时间等,因此,具有一定程度的不确定性。长安大学研究人员曾用人工降雨的方法在西安—三原公路上形成桥面径流,在车流量和降雨量已知的情况下,降雨历时1h,降雨强度为81.6mm,在1h内按不同时间采集水样,测定结果见表5-1。降雨初期到形成桥面径流的30min内,雨水中的悬浮物和油类物质的浓度比较高,30min后,其浓度随降雨历时的延长下降较快,雨水中铅的浓度及生化需氧量随降雨历时的延长下降速度稍慢,pH值相对较稳定,降雨历时40min后,桥面基本被冲洗干净,降雨对公路附近河流造成影响的主要是降雨初期1h内形成的路面径流。

桥面径流中污染物浓度测定值　　表5-1

指标	测定时间			平均值
	5~20min	20~40min	40~60min	
pH	7.0~7.8	7.0~7.8	7.0~7.8	7.4
SS(mg/L)	231.42~158.22	185.52~90.36	90.36~18.71	100
BOD_5(mg/L)	7.34~7.30	7.30~4.15	4.15~1.26	5.08
石油类(mg/L)	22.30~19.74	19.74~3.12	3.12~0.21	11.25

(2)公路沿线设施水环境影响。运营期公路产生的污水主要是服务区、停车区、养护工区等服务设施的工作人员和过往驾乘人员产生的生活污水,如果不采取污水处理设施处理直接排放,将会对附近水体或地下水产生严重影响。公路服务设施的污水处理设施进行处理达到《污水综合排放标准》(GB 8978—1996)相应标准或《污水再生利用工程设计规范》(GB 50335—2002)中生活杂用水绿化水质标准,修建防渗储水池用于公路绿化用水,不仅可避免污水对环境的影响,也节约了水资源。

第三节　水环境污染防治措施

一、施工期水环境保护措施

(1)跨河桥涵桩基础工程施工时,尽量选在枯水期施工,避免在汛期、丰水期施工。

(2)对采用钻孔桩基础施工的跨河桥梁,严禁将桩基钻孔出渣及施工废弃物排入水体,桥墩施工区附近设置必要的排水沟用以疏导施工废水,并处理施工废水。

(3)施工材料如沥青、油料、化学品等有害物质堆放场地应设工棚,并加篷布覆盖以减少雨水冲刷造成污染。

(4)施工废水不得直接排入河流、饮用水水源保护区等水环境敏感区。施工生产废水由沉淀池收集,经酸碱中和沉淀、隔油除渣等处理。施工废水尽量循环利用,以有效控制施工废水超标排放造成当地的水质污染影响问题。

(5)在不可避免的跑、冒、滴、漏过程中,尽量采用固态吸油材料(如棉纱、木屑、吸油纸等)将废油收集转化到固态物质中,避免产生过多的含油污水,对渗入土壤的油污应及时利用刮削装置收集封存,运至固体废物处理厂集中处理。

(6)对于规模较小的施工营地设化粪池,将粪便池和餐饮洗涤污水分别收集,粪便用于肥田,餐饮洗涤污水收集在化粪池中处理。施工结束后将化粪池覆土掩埋。对于规模较大的施工营地设污水处理设施,处理生活污水,达标排放或水资源重利用。

二、运营期水环境保护措施

(1)公路沿线服务区、停车区、养护工区、管理处等服务设施配套污水处理设施,处理达到《污水综合排放标准》(GB 8978—1996)规定的相应排放标准后,用于公路绿地浇灌,或排入公路边沟自然蒸发。生活污水设施处理工艺流程和现场装备如图 5-2 所示。在污水处理设备运行及管理中,为保证污水处理设备正常运行,应设专人负责定期检查设备的处理效果。定期由有资质的环境监测单位对水样进行监测,确保污水达标排放或水资源回用。

(2)对跨越河流、湖泊大桥的护栏进行加高加固的设计;在桥梁跨越常水位主河槽的部分加装防落网或采取其他有效的工程措施,避免运输危险品的车辆经过桥梁时车上的货物翻落水中,造成水环境污染。

(3)填方路基段应考虑排水沟设计,通过桥涵构造物与沿线排洪沟渠衔接形成完整的排水系统。路基排水沟与沿线通道、灌渠交叉产生干扰时,采取边沟涵等立体交叉的排水形式,尽量做到不干扰、不破坏原有的排灌体系,同时避免路面污水直接排入农田。路面径流雨水通过道路的排水系统排放到路基两侧的排水沟或天然沟渠内,或由土路肩下铺的砂砾透水层以渗流方式排泄至路堤边坡坡面。

(4)跨越一类、二类水体和饮用水水源保护区桥梁或路段,应设"减速慢行保护水体"警示牌标志,修建路面和桥面应急收集系统(图 5-3)。

第五章 公路水环境保护

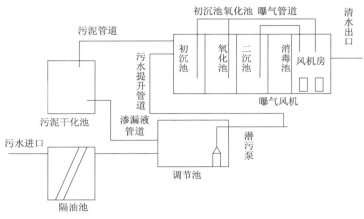

图 5-2 生活污水设施处理工艺流程和现场装备

图 5-3 公路跨越饮用水水源保护区应急设施

第六章

公路固体废物处置

第一节　固体废物对环境的影响

一、施工期固体废物影响

施工期，固体废物主要为施工人员的生活垃圾、部分建筑垃圾和沥青渣等，如果得不到及时收集和处理，将会对周围环境产生一定影响。其中，施工人员生活垃圾主要产生于施工营地，如果施工期间不注意此类垃圾的堆存，很容易引发蚊蝇孳生，严重影响卫生和景观，所以在施工营地需设置临时的垃圾桶，将生活垃圾集中收集后，由当地环卫部门定期进行清运至地方垃圾处理场进行安全填埋。

建筑垃圾主要是施工过程中产生的部分废弃土方、沥青渣及少量废弃钢筋、电缆及木料等。对于废弃钢筋，由有关单位及个人进行分拣，把有用的钢筋、木料、电缆等东西进行回收再利用，其余废弃土方应集中堆放，待工程结束后统一清运。对于沥青渣，要及时处理和收集，防止造成二次污染。

二、运营期固体废物影响

公路运营期生活垃圾主要来自服务区、停车区、养护工区和管理处等服务设施人类活动，固体废物主要为生活垃圾和少量维修机械固体废物。目前服务设施的生活垃圾都做到了集中收集和处理。对于机修后产生的危险废物，委托相关机构收集和处理。由于公路沿线普遍树立"保护环境，禁止乱扔垃圾"的警示牌，同时人们的保护环境意识增强，公路沿线驾乘人员很少抛撒生活垃圾，公路养护部门经常清理路面卫生，维护了公路沿线良好环境。

第二节　固体废物处置措施

（1）桥涵施工泥浆废水处理后的沉渣以及其他施工过程产生的石渣等，不得倒入河流或弃置河滩，应妥善处置。

（2）施工营地应配备垃圾收集装置，人员生活垃圾集中收集，就近运至垃圾填埋场填埋处理或委托环卫部门定期收集处置。

（3）对于施工垃圾、维修垃圾，要回收、分类、储藏和处理，其中可利用的物料，应重点利用或提交收购，如多数的纸质、木质、金属质和玻璃质的垃圾可供收购站再利用，对不能利用的,应交由环卫部门妥善处理;施工期产生的其他固体废物应采用回收利用的方式进行减量处理,不能回收利用的应集中收集后运垃圾填埋场地进行处理。

(4)对于旧路改造产生的建筑垃圾沥青、浆砌片石等,应收集并粉碎后进行资源再利用。

(5)施工运输车辆必须做到装载适量,加盖遮布,出工地前做好外部清洗.沿途不漏洒、不飞扬。

(6)服务区、停车区、养护工区、管理处等公路沿线服务设施设置垃圾收集装置(垃圾桶或垃圾池),垃圾实行分类袋装,集中收集并及时清运。公路管理部门应与当地环卫部门签订相应接收处理协议,使生活垃圾得到妥善处置。

第七章

公路社会环境保护

第一节　公路对社会环境影响

公路建设对沿线地区社会经济发展将带来明显的正效益,完善公路网结构,畅通交通运输,改善地区交通出行条件,大大促进地区社会经济振兴、乡村振兴和区域经济发展。

公路建设将会永久性占用土地资源,特别是对沿线耕地影响较大,导致当地居民的耕地减少,影响其基本生活物质。有些线路不可避免涉及村镇拆迁问题,对其居住环境也将会产生一定影响。高速公路投入运营后,将对沿线两侧地区造成分隔,因此,对公路两侧居民、牧民过往通行带来不便,对他们的正常生活、生产活动及相互联系产生一定影响。

施工过程中,筑路材料运输所产生的噪声、扬尘和汽车尾气将对沿线居民生活、生产、学习以及附近农作物产生一定的不利影响。施工车辆运输扰乱了当地交通秩序,影响当地居民的正常生活。但公路施工也增加了当地居民的就业机会,部分当地居民在施工中可获得一定的报酬,增加了个人和家庭的收入,使得居民生活水平提高,生活质量改善。施工期间工程的物料运送基本依靠现有等级公路及部分乡村道路。施工期间作为主要运输通道的道路运输车辆将有所增加,从而导致短期内原有道路车流的动态变化,局部交通量增大,影响当地交通秩序。大型运输车辆通过,可能会造成破坏道路路面等影响。

第二节　社会环境保护措施

(1)为降低公路建设对当地交通影响,施工期临时设置的主要运输通道尽量远离居民区。在邻近村落的运输路线附近设置禁止鸣笛及警示安全标志。

(2)按照征地补偿和安置补偿标准,建设单位配合当地政府及时将费用发放到被征对象。

(3)涉及拆迁时,妥善解决公众关心的问题。建设单位和地方政府应根据国家和地方的相关政策,结合当地的实际情况,制定合适的补偿标准,并建立完善的补偿款项发放制度,确保补偿款项能如数发放到被拆迁户手中,保证被拆迁户有房可居,并且居住条件不低于拆迁前的居住条件。

(4）对公路工程所涉及的道路、供电、通信、给排水、煤气等地面及地下各种不同的管道和管线进行详细的调查了解，及时协同有关部门确定拆迁、改移方案，做好各项应急准备工作，确保水、电、气、通信等各项设施的正常运行，保证社会生活的正常状态。

(5）在农田区路段，公路设计中尽量保持原有排灌系统的整体性，减少对农田水利设施、农机道路和农田的切割。施工过程中，建设单位及时与当地政府和农民沟通协商，充分考虑涵洞、通道、天桥等设置的位置与数量，以保证农机具、居民活动、牧畜活动的正常通行，运营期维护涵洞、通道的正常功能。

(6）为使工程施工对居民生活和交通影响降至最低限度，施工期间城市道路交通车辆走行线路应进行统一分流规划，以防造成交通堵塞；同时对施工机械和施工运输车辆走行路线也进行统一安排，以确保周围交通的畅通和正常运行。

(7）在城市路段，应考虑市容景观，隔离围栏的形式应考虑景观和美化效果，施工作业面应设置安全围栏，设有安全警示灯和指示路牌。

(8）公路运营时，注意加强对道路交通安全事故的监视，在转弯、下坡等相对较危险路段设置相应的安全提示标志，避免交通事故。道路维修维护必须采取警示、隔断等必要的安全措施，设置交通安全提示。

图 7-1 为公路天桥与通道。

图 7-1　公路天桥与通道

第八章

公路景观保护

第一节　公路建设对景观影响

公路工程施工将直接导致植被的生境发生变化、土壤退化、土壤侵蚀和水土流失等，进而导致生态系统面积的减小、景观破碎化和景观格局的改变。公路运营期对景观的影响更为长期、潜在和强烈，道路网的形成及人类干扰的增大，使区域土地利用产生变化，同时对景观安全格局产生胁迫。

从景观生态学来讲，施工期对景观要素基质与斑块破碎化影响较大，地表形态改变显著，取弃土场、砂石料场、拌和站和施工营地以及路基施工时的土层裸露、分割，将阻碍甚至于破坏生物的活动和繁衍，致使生物向其他景观要素迁移，导致生物多样性减少。其中，施工期对景观产生主要影响有以下几个方面：施工过程中将会破坏沿线植被和拆迁建筑物，对沿线自然景观和人文建筑带来一定影响。拆迁建筑物时，周围要用挡板或帆布围挡，减少对环境和景观的影响。施工过程中基础开挖、土石方、建筑材料的堆放，尤其是施工弃土渣、建筑垃圾的临时堆放等，都会影响周围环境和景观。严禁在沿线视野范围内取土、弃土渣作业。工程施工期间，施工机械和临时工棚所排放的噪声、扬尘、废气、工程垃圾、施工排水等都会对周围环境造成污染。施工营地合理布设、营房建设要与周围景观协调。工程垃圾、生活垃圾、生活污水要合理收集处理，避免对周围景观环境污染。施工车辆和原有路面拓宽施工将会影响周围交通正常秩序，易造成堵车现象，对周围景观会产生一定影响。而且施工车辆运送物料时，可能会发生洒落物料现象，影响路面卫生环境。运输物资车辆应用帆布掩盖材料，避免撒落影响环境。但随着施工的结束，其不利影响会也将随之消失。

公路工程作为一种线状开放式干扰廊道，其特点是连通性高，节点量较多，但新廊道的出现将对现有生态景观功能的发挥产生一定的不利影响，将使景观的斑块数量增加、斑块破碎化程度提高以及景观的异质性能增加等。公路运营的最初几年，公路两侧弃渣场、取土场、拌和站等临时工程以及路基边坡的植被尚未完全恢复，出现水土流失、裸露仍有碍景观。各斑块由于经常受到人类的干扰，其稳定性会随区域环境的变化而常发生一些变化。

第二节　公路绿化对景观影响

公路绿化是景观中的一个重要因素。植物是创造优美景观空间的要素之一，利用植物所特有的线条、形态、色彩和季相变化等多种美学因素,以不同的植物种、观赏期及配置方式形成浓郁的特色,配合路灯、花坛、雕塑等,不仅可以形成丰富多彩的道路景观,还可以美化公路景观。绿化工程要根据植物生物特性和生态特性,充分利用空间结构,采用乔、灌、草三层相结合,符合自然群落规律,不仅带来了一定的生态效益,而且也增添了一定的审美观,为周围环境增加了自然景观。为了使工程建成后与自然景观融为一体,施工期应根据工程进展情况,及时做好施工场地、边坡的绿化等植被恢复措施。路基边坡绿化应结合防止水土流失和尽量遮蔽有碍观瞻的人工构筑物的要求进行绿化设计。应在施工期内使边坡及周围的绿化、植被恢复初见成效,使地表植被在新的立地条件下更加葱郁。路基边坡、立交绿化在考虑抑噪防尘、改善环境质量的同时,应结合考虑景观功能进行绿化设计。尤其是公路互通立交区的绿化,是美化大桥景观的关键所在。

公路边坡主要指在路堤、路堑路段填挖方的斜坡部分,它是公路空间景观围合的重要构成因素。边坡绿化对于公路景观设计有重要的意义,它的功能一方面主要体现在提高边坡的稳定性,防止落石影响行车安全、减小水土流失;另一方面美化丰富沿线景观、恢复植被,保护并改善沿线视觉环境和保护自然生态环境,使公路与沿线景观协调统一。在边坡景观设计的过程中尽量与沿线的自然景观和人文景观相结合,并充分利用当地植物资源,绿化植物选择以乡土植物材料为主。

服务区作为公路服务休憩场所,其布设形式应充分结合现有特色的自然景观及人文景观,使其具有亲切感,且表现地方特色。绿化以庭院绿化形式为主,形式开敞简洁,局部采用自然式栽植。可适当栽植高大乔木,形成一定的绿荫。内侧庭院可结合服务区的建筑布局设置小庭院,体现小桥流水之美。以丛植种植为主,多选择香花、观花树种进行配植,使整体环境舒适宜人、轻松活泼,起到良好的休闲目的;办公区、生活区乔、灌、花、草布局合理。

第三节 公路构筑物对景观影响

桥梁是公路的重要组成部分,它不仅是公路的枢纽,而且也是公路的标志性建筑。因此,在设计中应重视桥梁的美学效果,使桥梁的功能与形式和周围的地物、地貌有机地结合,共同构成一个新的景观,避免因为修建了桥梁而破坏了整个原有自然地理环境的和谐统一。

隧道属于隐蔽工程,仅其洞口露于外部,作为隧道的标志。因此,隧道洞口的材质、形式及环境质量等将直接影响公路景观的总体效果。隧道洞口景观设计应与周围环境相协调,洞口的形式根据地形、地貌情况合理进行选择。在地形地貌、地质条件允许时,优先采用削竹式洞门或喇叭口式洞门,以便与自然环境相协调。公路隧道洞口的景观设计综合考虑隧道洞口附近的自然环境、人文历史及其他构造物等因素。

停车休息区、观景区(台)作为公路附属设施,其目的是为驾乘人员提供休息、观景的场所,减小疲劳驾驶造成的安全隐患。为人们提供完善的、全方位的服务功能成为新形势下社会对高速公路建设的一种必然要求,其中就要求公路尽可能地为使用者提供短暂休息场所,并能欣赏公路沿途优美景观。设计时要与当地自然景观和人文景观相协调。

打造公路景观的目的是使公路更好地与沿线景观相协调,使公路融入周围环境。在公路景观设计中,应从保护自然资源和人文资源角度出发,以实现公路建设的可持续发展。同时通过公路景观设计来布设公路用地及用地上的构造物和空间,为使用者创造安全、高效、健康和舒适的行车环境。

第九章

公路环境敏感区环境保护

生态环境部颁布的《建设工程环境影响评价分类管理名录(2021年版)》明确了环境敏感区的概念和范围。环境敏感区定义是指依法设立的各级各类保护区域和对建设工程产生的环境影响特别敏感的区域,主要包括下列区域:①国家公园、自然保护区、风景名胜区、世界文化和自然遗产地、海洋特别保护区、饮用水水源保护区;②除①外的生态保护红线管控范围,永久基本农田、基本草原、自然公园(森林公园、地质公园、海洋公园等)、重要湿地、天然林,重点保护野生动物栖息地,重点保护野生植物生长繁殖地,重要水生生物的自然产卵场、索饵场、越冬场和洄游通道,天然渔场,水土流失重点预防区和重点治理区、沙化土地封禁保护区、封闭及半封闭海域;③以居住、医疗卫生、文化教育、科研、行政办公为主要功能的区域以及文物保护单位。

公路属于线性工程,一般情况下将不可避免地涉及国家公园、自然保护区、风景名胜区、饮用水水源保护区、永久基本农田、基本草原、自然公园、鱼类"三场一通道"、居住区等环境敏感区。下面分别介绍公路对不同环境敏感区的影响和保护。

第一节 公路对自然保护区影响

《中华人民共和国自然保护区条例》明确自然保护区是指对有代表性的自然生态系统、珍稀濒危野生动植物物种的天然集中分布区、有特殊意义的自然遗迹等保护对象所在的陆地、陆地水体或者海域,依法划出一定面积予以特殊保护和管理的区域。自然保护区分为国家级自然保护区和地方级自然保护区。自然保护区一般分为核心区、缓冲区和实验区。

建立自然保护区是保护生态环境、自然资源的有效措施,是保护生物多样性、建设生态文明的重要载体,为了更好保护自然保护区,国家颁布了《中华人民共和国自然保护区条例》《关于进一步加强涉及自然保护区开发建设活动监督管理的通知》(环发〔2015〕57号)、《国家级自然保护区调整管理规定》(国函〔2013〕129号)、《关于做好自然保护区管理有关工作的通知》(国办发〔2010〕63号)、《涉及国家级自然保护区建设工程生态影响专题报告编制指南(试行)》等法规、文件,规定了相关保护要求。

《中华人民共和国自然保护区条例》规定在自然保护区的核心区和缓冲区内,不得建设任何生产设施。在自然保护区的实验区内,不得建设污染环境、破坏资源或者景观的生产设施;建设其他工程,其污染物排放不得超过国家和地方规定的污染物排放标准。在自然保护区的实验区内已经建成的设施,其污染物排放超过国家和地方规定的排放标准的,应当限期治理;造成损害的,必须采取补救措施。在自然保护区的外围保护地带建设的工程,不得损害自然保护区内的环境质量;已造成损害的,应当限期治理。限期治理决定由法律、法规规定的机关作出,被限期治理的企业事业单位必须按期完成治理任务。因发生事故或者其他突然性事件,造成或者可能造成自然保护区污染或者破坏的单位和个人,必须立即采取措施处理,及时通报可能受到危害的单位和居民,并向自然保护区管理机构、当地环境保护行政主管部门和自然保护区行政主管部门报告,接受调查处理。禁止在自然保护区内进行砍伐、放牧、狩猎、捕捞、采药、开垦、烧荒、开矿、采石、挖沙等活动;但是,法律、行政法规另有规定的除外。禁止任何人进入自然保护区的核心区。因科学研究的需要,必须进入核心区从事科学研究观测、调查活动的,应当事先向自然保护区管理机构提交申请和活动计划,并经自然保护区管理机构批准;其中,进入国家级自然保护区核心区的,应当经省、自治区、直辖市人民政府有关自然保护区行政主管部门批准。禁止在自然保护区的缓冲区开展旅游和生产经营活动。因教学科研的目的,需要进入自然保护区的缓冲区从事非破坏性的科学研究、教学实习和标本采集活动的,应当事先向自然保护区管理机构提交申请和活动计划,经自然保护区管理机构批准。在自然保护区的实验区内开展参观、旅游活动的,由自然保护区管理机构编制方案,方案应当符合自然保护区管理目标。在自然保护区组织参观、旅游活动的,应当严格按照前款规定的方案进行,并加强管理;进入自然保护区参观、旅游的单位和个人,应当服从自然保护区管理机构的管理。严禁开设与自然保护区保护方向不一致的参观、旅游工程。

《关于进一步加强涉及自然保护区开发建设活动监督管理的通知》(环发〔2015〕57号)要求,禁止在自然保护区核心区、缓冲区开展任何开发建设活动,建设任何生产经营设施;在实验区不得建设污染环境、破坏自然资源或自然景观的生产设施。建设工程选址(线)应尽可能避让自然保护区,确因重大基础设施建设和自然条件等因素限制无法避让的,要严格执行环境影响评价等制度,涉及国家级自然保护区的,建设前须征得省级以上自然保护区主管部门同意,并接受监督。对经批准同意在自然保护区内开展的建设工程,要加强对工程施工期和运营期的监督管理,确保各项生态保护措施落实到位。

《关于下放和取消自然保护区有关事前审查事项做好监督管理工作的通知》(环发〔2015〕86号)要求,凡涉及国家级自然保护区的省级(市级、县级)管理的建设工程,严格执行环境影响评价制度,其环境影响报告文件中关于建设工程对自然保护区的生态影响的审查,一律由省级环境保护部门负责。工程建设单位应当参照《涉及国家级自然保护区建设工程生态影响专题报告编制指南(试行)》(环办函〔2014〕1419号)编制生态影响专题报告,经省级环境保护部门审查同意后,由具有审批权的环境保护部门审批其环境影响评价文件。建设单位加强建设工程环境影响后评价工作,如发现问题,应当进行整改。

对于涉及自然保护区的公路建设工程,主要以路基、桥隧道方式穿越自然保护区,将不可避免永久占用保护区的土地资源,改变土地的利用现状,对自然保护区的生态环境产生一定影响。在公路施工期,固体废物、污水、废气和噪声等污染物产生;在公路运行期,行驶的机动车辆穿越自然保护区过程中,不可避免将产生废气、噪声、夜间灯光、振动等,而且道路对自然保护区产生分割影响,阻隔野生动物活动范围或路径。有些公路建设工程对自然保护区内珍稀濒危野生动植物造成一定程度的影响。因此,建设单位首先应充分论证避让自然保护区的可行性,若无法避让,按照相关法律法规办理许可手续,对于涉及林业系统自然保护区的公路工程,还要按照《在国家级自然保护区修筑设施审批管理暂行办法》(国家林业局令第50号)的有关要求办理行政许可手续。同时建设单位严格执行环境影响评价制度和编制涉及自然保护区建设工程生态影响专题报告,并落实环境影响报告文件和生态影响专题报告以及主管部门批复等措施和对策要求,缓解公路建设对自然保护区的影响。

一、公路对生态系统类与野生动物类自然保护区影响

以某公路改建工程为例,工程涉及可可西里国家级自然保护区和三江源国家级自然保护区。

1. 可可西里国家级自然保护区概况

可可西里自然保护区地处青藏高原腹地,面积4.5万km^2,建于1995年10月,并于1997年12月升为国家级自然保护区。可可西里自然保护区位于青海省玉树藏族自治州西北部,北以昆仑山为界,西以青海省省界为界,南以格尔木市所辖唐古拉山乡为界,东以青藏公路为界,具体地理位置为$89°25′\sim 94°05′E,34°19′\sim 36°16′N$。

保护区气候特点是:气候多变,温度低,年均气温$-2\sim-6.9℃$,最高气温24.2℃,最低气温-45.2℃;年均降水量250~300mm。年均气温及降水量均由东南向西北逐渐降低或减少。保护区平均海拔高度为4500m左右,空气稀薄,气压低,大风日数较多。

保护区土壤类型较为简单,分布较广泛的类型有高山草甸土、高寒草原土和高山寒漠土。沼泽土、龟裂土、盐土、碱土和风沙土也有零星分布。土壤发育年轻,受冻融作用影响深刻。

该地区主要为高海拔丘陵、台地和台原,山地起伏和缓,河谷盆地宽坦,原始生态系

统保留较完好,是青藏高原上保护最完整的地貌。本区是羌塘高原内流湖区和长江河源水系交汇地区,东部和南部由楚玛尔河、秀水河和北麓河等组成的长江源水系;西部河北部是以湖泊为中心的内流水系,处于羌塘区内流湖区的东北部,湖泊众多。保护区各级食物链仍能顺利地联系在一起,由于生态系统中物质循环和能量转换过程缓慢、简单,难以承受外界压力和干扰,尤其是植被的破坏将给本区生态平衡带来较严重后果。因此,保护区的建立对于保护青藏高原珍稀野生动植物物种和原始状态的高原生态系统,开展科学研究具有重要的意义。

该区独特的高寒自然环境和高寒生物区系中,尤以高寒草原分布最广,主要有紫花针茅、扇穗茅、青藏苔草等植物群落。高寒草原不仅是亚洲中部高寒环境中典型的生态系统之一,而且在世界高寒地区中也具有代表性,高寒草原的典型景观这里均有分布。其中,大面积独特的扇穗茅草原是青藏高原其他地区所没有的。

保护区内高等植物102属202种,其中青藏高原特有种有84种,约占该区全部植物种类的40%。这些植物种类虽少,种群却很大,其中具有垫状生长型的植物种类多、分布广。青藏高原高寒草甸中分布面积最大的小嵩草草甸及典型的高寒草原～紫花针茅草原和分布面积仅次于紫花针茅草原的青藏苔草草原,在本区内均有分布。同时,本区还大面积分布有独特的扇穗茅高寒草原,植被类型的这种丰富性和代表性是相邻地区所不具备的。

目前已知该区分布有哺乳类19种,隶属于5目10科18属;鸟类48种,隶属于11目20科;鱼类3属6种。哺乳类动物特有种占首要地位,其中青藏高原特有种有11种之多,占本区总种数的68.7%,以藏羚、野牦牛、藏原羚、藏野驴等野生动物最为著名。由于本区地势高亢,气候干旱寒冷,植被类型简单,食物条件及隐蔽条件较差,故动物区系组成简单。但是,除猛兽猛禽多单独营生外,有蹄类动物具结群活动或群集栖息的习性,因而种类密度较大,数量较多。大、中型哺乳类动物均可见于高寒草甸、高寒草原及高寒荒漠草原地区,无明显的地域差异,但在种群数量上会有一定的差别。据初步调查统计,保护区内的鸟兽类种群总数量在10万头(只)以上(不包括鼠类)。

本保护区划分为核心区、缓冲区和实验区。核心区为可可西里山与乌兰乌拉山～冬布勒山之间的地区。其范围是:东至贡昌日玛西端至苟鲁错一线,西至青海省省界,北界自青藏交界向东经黑驼峰—马兰山—可可西里湖北山—黑石山,转向东南可可西里山至贡昌日玛西端,南界西起冬布勒山向东沿乌兰乌拉湖南缘—乌兰乌拉山至苟鲁错。

以铁路线为中心,划出实验区,实验区宽度距铁路线最近距离为2km。

2. 青海三江源国家级自然保护区概况

青海三江源国家级自然保护区主要保护对象是国家与青海省重点保护的藏羚、牦牛、雪豹、岩羊、藏原羚、冬虫夏草、兰科植物等珍稀、濒危和有经济价值的野生动植物物种及栖息地；典型的高寒草甸与高山草原植被。青藏公路在本保护区内穿越的地段，受严酷自然条件的制约，生态环境十分脆弱。近年来，由于自然因素与不合理人类活动的影响，这里生态环境日益恶化，土地沙漠化面积的不断扩大是该区最严重的生态环境问题之一，主要表现为土地沙漠化、盐碱化和次生裸土化；由于草场退化，森林面积不断减小，虫、鼠害严重，不仅消耗了大量的牧草，鼠类的啃食、掘洞等活动还造成了大面积的裸地，进一步加速了草地的退化；乱采黄金及滥挖虫草等，导致水土流失加剧，土地沙漠化面积扩大；偷捕滥猎和大肆采掘虫草等药用植物，导致生物物种分布逐渐缩小；冰川退缩、湖泊萎缩、地下水位下降及湿地退化。所有这些现象均表明三江源地区是极其敏感和十分脆弱的生态系统，一旦破坏，很难恢复。

自然保护区生态功能区划：三江源自然保护区功能分区以国务院已批准的《三江源国家级自然保护区》功能区划范围为准，其功能分区为：核心区面积 31218km^2，占自然保护区总面积的 20.5%；缓冲区面积 39242km^2，占自然保护区总面积的 25.8%；实验区面积 81882km^2，占自然保护区总面积的 53.7%。保护区共分 18 个保护分区，包括湿地生态系统类型 8 个，野生动物保护类型 3 个，森林灌丛植被保护类型 7 个。玉树藏族自治州境内涉及 9 个保护分区，果洛藏族自治州境内涉及 7 个保护分区，黄南藏族自治州境内涉及 1 个保护分区，海南藏族自治州境内涉及 1 个保护分区，格尔木市境内涉及 1 个保护分区。

3. 毗邻自然保护区路段的工程情况

公路右侧紧邻可可西里自然保护区东部实验区（对应路段桩号 K2905～K3140）；左侧邻近三江源自然保护区的索加—曲麻河保护分区（对应路段桩号 K2900～K3142），距实验区最近距离为 3km；右边邻近三江源自然保护区格拉丹东保护分区（对应路段桩号 K3296～K3315），离实验区最近距离为 6km。

自然保护区与公路线位的关系见表 9-1。

自然保护区与公路线位的关系   表 9-1

名称	桩号范围	位置	最近距离(km)
可可西里国家级自然保护区	K2905～K3140	路右	紧邻
三江源自然保护区索加—曲麻河保护分区	K2900～K3142	路左	3
三江源自然保护区格拉丹东保护分区	K3296～K3315	路右	6

根据《中华人民共和国自然保护区条例》,严禁在保护区核心区和缓冲区施工活动。自然保护区内的 3 个取土场和 3 个砂石料场取消,另外选址。这 6 个土场和料场取消后,自然保护区内无其他施工行为。公路邻近可可西里自然保护区和三江源自然保护区路段的工程量见表 9-2,工程主要是对路基、路面防护设施、桥梁、涵洞的整治、完善工程及遗留的取弃土场、料场等临时占地的生态恢复治理工程,保护区内范围内没有新增永久占地、临时占地和施工行为。

公路邻近可可西里和三江源自然保护区路段工程量　　　　表 9-2

项目	路基长度 (km)	土方量 (m^3)	热棒 (根)	碎石坡面 (m^3)	通风路基 (m^3)	隔热板 (m^2)
工程量	107.2	65000	6750	29200	111000	2000
项目	桥梁 (m)	铺设沥青混凝土 长度(m)	挡土墙长度 (m)	增设浆砌边沟 (m)	改建完善桥梁 (座)	拆除重建涵洞 (道)
工程量	3400	265917	2780	960	9	18

4. 在自然保护区路段的工程情况

毗邻自然保护区路段的工程主要特点是对路基及边坡的防护工程,并采取通风工程及隔热板来保护路基的冻土环境。由此需要设置一定取土场、料场,修建保通便道、施工便道等工程。工程设计的 3 个取土场 K2977+550、K2979+300、K3105+900 位于可可西里自然保护区实验区内,在实验区内取土施工,其中 K2977+550 取土厚度为 6m,另外两个取土场取土厚度为 1m,取土场面积为 28846m^2,取土量为 64820m^3(表 9-3)。因这 3 个取土场位于自然保护区内,故应取消。

取土场设置及其与自然保护区关系　　　　表 9-3

名　称	桩号	相距保护区 关系	取土厚度 (m)	面积 (m^2)	取土量 (m^3)
可可西里自然保护区	K2977+550	试验区内	6	7154	45700
	K2979+300	试验区内	1	12768	8000
	K3105+900	试验区内	1	8924	11120
合计	—	—	—	28846	64820

工程设计在自然保护区缓冲区内设有 K2919+300 和 K3064+650 两个石料场,需修便道 11500m,这两个料场和对应的施工便道应取消。工程设计在可可西里实验区内布设了 1 个砂砾料场,桩号为 K3012+740,需修便道 500m,该料场和对应的施工便道应取消。另有 4 个料场距可可西里保护区距离小于 0.5km,1 个料场距离为 0.55km。相对

而言,这些料场距三江源自然保护区较远,其中 K2972+300 砂砾料场距三江源保护区最近,距离为 1.7km;K3064+650 石料场距保护区最远,距离为 18.8km(表 9-4)。

料场设置及其与自然保护区关系　　　　　　　　　　表 9-4

序号	料场	桩号	相距保护区距离(km)		地貌	便道	
			可可西里	三江源		长(m)	面积(m²)
1	砂/砂砾	K2932+000	0.25	3.1	平原	200	800
2	砂砾	K2972+300	0.55	1.7	河滩	100	400
3	石料	K3022+000	2.05	2.4	山丘	2000	8000
4	砂砾	K3044+050	0.25	5.3	河滩	300	1200
5	砂砾	K3110+700	0.25	4.2	河滩	300	1200
6	石料	K3120+500	0.35	1.9	山丘	300	1200
7	砂砾	K3305+700	—	3.5	河滩	400	1600
8	石料	K2919+300	缓冲区	11.2	山丘	6000	24000
9	石料	K3064+650	缓冲区	18.8	山丘	5500	22000
10	砂砾	K3012+740	实验区	5.7	河滩	500	2000
合计	—	—			—	15600	62400

保通便道均设在公路用地范围内,严禁在保护区内设保通便道。本公路工程保通便道均设在公路用地范围内,未设在保护区内。K3297+180~K3298+000 保通便道相距可可西里自然保护区最远,K2912+000~K2917+000 保通便道距其保护区最近,距离为 0.013km,其余 27 条保通便道相距其保护区最近均为 0.05km。相对而言,29 条保通便道相距三江源自然保护区较远,K3049+280~K3050+680 保通便道相距最近为 2.2km,K3008+250~K3011+050 保通便道相距最远为 6.6km(表 9-5)。

保通便道设置及其与自然保护区关系　　　　　　　　　　表 9-5

序号	起讫桩号	距保护区距离(km)		长度(m)
		可可西里	三江源	
1	K2966+400~K2970+050	0.05	5.5	3750
2	K3004+400~K3005+500	0.05	3	1200
3	K3008+250~K3011+050	0.05	6.6	2900
4	K3017+680~K3020+113	0.05	4.4	2533
5	K3022+410~K3022+850	0.05	4.6	540
6	K3033+000~K3037+000	0.05	4.4	4100
7	K3042+300~K3045+700	0.05	6	3500

续上表

序号	起讫桩号	距保护区距离(km)		长度(m)
		可可西里	三江源	
8	K3046+000~K3048+200	0.05	3.6	2300
9	K3049+280~K3050+680	0.05	2.2	1500
10	K3051+350~K3051+750	0.05	2.8	500
11	K3052+450~K3053+400	0.05	4.5	1050
12	K3054+200~K3054+600	0.05	4.7	500
13	K3055+300~K3055+700	0.05	4.5	500
14	K3057+200~K3057+800	0.05	4.5	700
15	K3058+780~K3059+760	0.05	4.6	1080
16	K3060+200~K3062+190	0.05	5.2	2090
17	K3082+000~K3085+100	0.05	4.2	3200
18	K3088+000~K3088+650	0.05	4.4	750
19	K3090+300~K3092+350	0.05	3.6	2150
20	K3093+000~K3094+250	0.05	3.8	1350
21	K3094+800~K3095+800	0.05	3.8	1100
22	K3097+700~K3098+362	0.05	3.5	762
23	K3101+640~K3102+150	0.05	2.5	610
24	K3115+451~K3118+300	0.05	3.3	2949
25	K3120+200~K3120+600	0.05	2.3	500
26	K3121+950~K3122+350	0.05	2.4	500
27	K3124+000~K3128+200	0.05	5.3	4300
28	K2912+000~K2917+000	0.13	4.4	5100
29	K3297+180~K3298+000	—	6	920
合计	—	—	—	52934

如果不取消工程设计中保护区范围内的取土场、料场和施工便道，将会对沿线保护区生态环境造成一定的直接或间接影响；如局部地表土壤被扰动，并且直接侵占地表植被生存空间，植被将会受到一定破坏；扬尘将间接影响植被；施工机械噪声将影响动物栖息环境等，同时也不符合相关法律法规的规定。因此，前述保护区范围内的取土场和料场及配套施工便道必须取消，重新选址。

5. 工程建设对自然保护区的影响

工程对保护区内植被的影响：由于青藏高原海拔高，气候寒冷，湿度小，缺少森林，植被以高寒草原为主，生长期短，生物量低，自然环境十分脆弱，一旦遭到破坏，就会发生连锁反应，使整个生态系统遭到破坏。同时，高寒地区的地表稍有扰动就会引起很大的环境变化，具有变化快、恢复慢、影响大、后果复杂等特点。

工程施工活动可能会干扰局部范围地表植被，从而造成践踏植被和临时侵占植被生存空间，对地表植被产生一定的破坏。取土场、保通便道和施工便道是影响高寒草原的主要施工行为，2个石料场设在可可西里自然保护区的缓冲区，其临时占地面积约46000m^2，3个取土场、1个砂砾料场设在其实验区，其临时占地面积约30846m^2，工程临时占用非保护区面积约384938m^2。受干扰的植被面积为461784m^2。以上施工将会对保护区的植被产生影响。同时根据相关自然保护区的法律法规规定，保护区内严禁施工，位于缓冲区的K2919+300、K3064+650两个料场与位于实验区的K2977+550、K2979+300、K3105+900三个取土场和砂砾料场K3012+740必须取消，重新选址。从降低对生态环境影响的角度考虑，可利用青藏铁路修建时的弃土场取代以上被取消的取土场。青藏铁路桩号DK974+800（公路桩号约K2885）弃土场取代K2977+550、K2979+300取土场，弃土场处于路右200m山包背后，弃方量约13.9万m^3。在公路K3074路右50m处是青藏铁路弃土场，将取代K3105+900取土场，弃方量5万m^3。以上弃土量可以满足此路段范围内环境整治用土。青藏铁路DK963+000（公路约K2875）路右3.7km处的铁路原石料场取代K2919+300石料场。公路K3022+000路右5km处的青藏铁路原石料场取代K3064+650石料场。砂砾料场K3012+740应设在离公路左侧500m以外。

对保护区附近公路沿线的未恢复或恢复较差的遗留取土场（坑）、施工营地、便道、砂砾料场等整治，以及对遗留工程的治理也将会干扰地表植被。遗留的工程场地经过长期的演变，部分已得到一定植被恢复，由裸地演替草地植被，一旦再次受到工程干扰，将造成二次生态破坏。但通过回填、平整、种植植被，人工加速其生态环境恢复，有利于改善沿线生态环境，此工程将对周边生态环境起到正面影响。

保护区附近公路沿线取土场、料场、施工营地、施工便道等施工前，先剥离表层土及附带草皮临时完好堆放，待施工完毕后，及时回填表土及草皮，恢复植被。合理规划施工便道、施工现场和施工营地，纵向便道充分利用既有公路；线路横向便道以少布点、拉大间距为原则，并避开环境敏感地区。限制人为活动范围，施工机械和车辆尽量少扰动地表和植被，严禁破坏地表植被，以避免破坏冻土的稳定性，产生热融洼地、热融湖塘、热融滑塌、融化下沉及融冻逆流等新的自然灾害。

由于工程是在原有路基上进行改建完善,施工影响范围相对较小,工程建设时,施工单位如果按照环保要求施工,工程建设将不会对保护区地表植被产生明显影响。

工程对保护区内野生动物的影响:公路沿线已形成多种动物通道,并在动物通道处设置了明显警示标志,保护动物安全通过。动物通道设置应满足野生动物种群间的交流、迁徙、觅食、生息繁衍和躲避天敌及自然灾害的要求。公路沿线布设了33个野生动物通道。公路(K2900~K3142、K3296~K3315)原设置的动物通道与工程的关系见表9-6。

临时用地工程与动物通道的关系　　　　表9-6

序号	工程	桩号	动物通道	备注
1	取土场	K3105+900	K3107+100~K3107+600	相离约1km
2	砂砾料场	K2972+300	K2972+150~K2973+150	动物通道处
3	石料场	K3120+500	K3120+900~K3121+900	相离400m
4	保通便道	K3017+680~K3020+113	K3018+400~K3019+400	动物通道处
5	保通便道	K3042+300~K3045+700	K3041+900~K3042+900	动物通道处
6	保通便道	K3060+200~K3062+190	K3060+600~K3061+300	动物通道处
7	保通便道	K3120+200~K3120+600	K3120+900~K3121+900	相离300m
8	保通便道	K3121+950~K3122+350	K3120+900~K3121+900	相离50m
9	保通便道	K3297+180~K3298+000	K3297+000~K3298+000	动物通道处

通过工程具体分布位置与动物通道具体位置比较,发现毗邻自然保护区路段有9处工程活动在动物通道处或附近施工,这些施工活动将会影响动物迁徙、觅食、生息繁衍活动。其中,K2972+300处砂砾料场需重新选址,其他8处的工程活动应合理安排施工时间,避让沿线野生动物的迁移、活动时间。

可可西里保护区管理局提出应在通过藏羚等高原珍稀动物迁徙通道(公路K2909~K2913昆仑山南段、K2935~K2948清水河、K2988~K2999五北大桥、K3115~K3125尺曲、K3140~K3143杂热巴)合理安排施工时间,为迁徙动物在迁移季节让道,并设置警示标志;取土场、砂石料、施工便道、施工营地应尽量集中在一个地方,避免对野生动物通道的影响;施工单位和施工人员中大力开展环保教育,禁止猎捕杀害、追赶、惊扰野生动物的行为。根据可可西里保护区管理局意见,其中保通便道K3115+451~K3118+300、K3124+000~K3128+200、K2912+000~K2917+000应合理安排施工时间,避让动物的迁移。

工程施工期间还要重点做好可可西里自然保护区内楚玛尔河至五道梁及三江源自然保护区内的藏羚羊、藏野驴、野牦牛、白唇鹿、藏原羚、岩羊、盘羊等珍稀濒危野生动物通道的避让工作。施工活动频繁,如施工车辆来往、施工人员走动及施工机械和交通工具的噪声将影响动物栖息环境,无形中驱使野生动物往其他地方迁徙。可可西里索南达杰自然保护站志愿者和研究人员通过两年的调查发现,每年6—9月是藏羚羊在公路沿线上活动的高峰期,这正和藏羚的迁徙期吻合,其中以8月数量最多,是母羚羊产羔后带领小羚羊的反迁高峰期。故在此期间要停止施工活动,合理安排施工计划,避免影响动物迁徙。在施工期间采取以上措施将会降低对动物的影响。公路K2998处路基坡度较陡,影响动物正常通行,应放缓边坡。

公路运营期对沿线动物阻隔效应较小,现有动物通道降低了因工程建设对动物迁徙活动的影响,但仍需完善动物通道环境条件,尽力为动物顺利穿越公路创造安全、自然环境,并完善动物通道警示标志。运营期主要是来往的交通车辆对野生动物的影响,可能会威胁穿越动物的安全。

6. 环境保护措施

(1)施工前应组织施工人员学习国家和地方有关自然保护区的法律、法规及其条例,并开展有关环保法律、法规及其相关的环保知识的普及宣传教育,提高环境保护意识,严禁盗猎和随意破坏高寒草原等行为。

(2)施工营地应远离动物迁徙通道、主要河流两岸等环境敏感地区。动物通道范围内施工结束后,要及时对施工场地的地表环境进行平整和清理,通道内地表不能有人为造成的土坑和台阶存留,避免由于地表景观特殊改变,影响动物的活动和生活。

(3)在自然保护区设置醒目的区界牌,在野生动物通道口设置明显的警示标记。在施工期和运营期都应做好保护区的宣传工作,设立宣传牌等设施,并加强运营期的宣传管理工作。现有公路共有33个动物通道,通过现场观察,沿线动物通道的标示不清晰,只有少数几个动物通道有警示牌,还应在通道的两侧各1~2km处进一步增加明显标志,提示驾驶人注意保护穿越公路和在公路两旁活动的野生动物,采取减速或鸣笛措施。

(4)采用低缓坡路基设计方案。路基缓坡是动物通道的主要形式之一,总体而言,低缓坡路基设计与设置保护高原珍稀野生动物通道是一致的。但是根据西北濒危动物研究所近几年的观测结果,藏羚羊主要的迁移路段K2998附近(与铁路对应的楚玛尔河动物通道),公路边坡相对较陡,影响了藏羚羊的快速通过,建设单位在施工时应进一步放缓边坡,保证藏羚羊顺利通过。

（5）施工过程中，降低运输车辆和施工机械及人为干扰因素，避免干扰野生动物的正常活动，当发现有野生动物迁徙群时，要提前停止一切施工，撤出所有机械设备和明显的大型标志，待动物迁徙过后再恢复施工。保护区路段路基边坡要平缓，特别是动物通道地段，严禁高速行车和鸣笛，保持野生动物通道畅通，为野生动物迁徙创造良好的环境。

（6）已经得到恢复的遗留工程，禁止施工干扰，防止造成二次生态破坏。实验表明，高寒草原生态系统具有一定的自然恢复能力。对于未生态恢复的取土坑采取修饰边坡，避免诱发边坡失稳，平整坑底并植草，加速其生态植被恢复；对于深取土坑，在回填前应剥离表土及地表植被，回填平整后将其表土和植被覆盖其上，并施肥。在整治取土坑过程中要保护好其周围生态环境。

（7）完善公路涵洞，保障公路两侧地表径流自然畅通。完善公路边沟，避免路面径流污染沿线水源地。路基边坡植草，减少工程对周围生态环境影响。

（8）保护区管理机构结合建设单位指定相应人员对施工过程的生态环境进行定期巡查和监督，以防进一步破坏周围生态环境。可委托环境监理机构对施工行为进行跟踪监督。监督内容主要有：监督保护区施工中的施工行为和环保措施、水土保持措施的执行情况、监督施工便道布设情况及车辆运输情况，以及施工材料运输中的污染问题。监督工程临时占地的施工行为和施工范围，严禁在保护区内随意弃土、采砂。监督对遗留取土坑的整治措施是否造成二次生态破坏，并避免对其周边生态环境破坏。监督路基边坡保护措施和路基边沟完善措施落实情况。边坡尽量采取植被护坡。监督施工人员违法盗猎及随意破坏高寒生态系统行为。监督施工过程对自然景观的保护情况。

（9）为了更好地保护自然保护区，建设单位需开展宣传教育工作，对施工人员进行培训，增设保护区界碑和宣传牌，派遣专人巡护、监督工程在保护区周围的施工行为及施工人员行为活动等。

二、公路对鸟类自然保护区影响

以某大桥工程为例，工程涉及2处自然保护区，分别是河南黄河湿地国家级自然保护区和山西运城湿地自然保护区。

1. 自然保护区概况

地理位置：河南黄河湿地国家级自然保护区于2003年6月经国务院批准成立，该保护区位于河南省西北部，东西长301km，跨度50km，总面积68000hm^2。保护区横跨三门峡、洛阳、济源、焦作四市。地理坐标在北纬 34°33′59″~35°05′01″之间，东经 110°21′49″~112°48′15″之间。

山西运城湿地自然保护区，2001 年 4 月经山西省人民政府晋政函〔2001〕113 号文批准，将原有的河津灰鹤自然保护区和运城天鹅自然保护区合并扩大，建立运城湿地自然保护区。该保护区从山西省河津市禹门口开始，到山西省垣曲县碾盘沟止的沿黄河湿地及永济市伍姓湖和运城盐湖两个自然湖泊。保护区西与陕西省的韩城、渭南地区接壤，南与河南省三门峡、洛阳隔河相望，地理坐标为：东经 110°13′58″~112°03′28″，北纬 34°34′58″~35°39′30″。

河南黄河湿地国家级自然保护区划分为核心区、缓冲区和实验区三个功能区。

根据保护区自然地理状况和保护对象的分布状况，划分四块核心区，总面积 21600hm^2，占保护区总面积的 32%。

三门峡库区核心区：面积 13900hm^2，涉及灵宝市、陕县、湖滨区三个县级行政区，其中灵宝市核心区面积 11400hm^2，陕县核心区面积 2000hm^2，湖滨区核心区面积 500hm^2。北部和新区界以主河道为界，南部核心区界以自然地形为主划分区界。

湖滨区核心区：面积 500hm^2。西至湖滨区王官村，东至东坡，北至省界，南部核心区界以自然地形为主划分区界。

孟津、吉利、孟州林场核心区：面积 2100hm^2，其中孟津县 700hm^2，吉利区 600hm^2，孟州林场 800hm^2。西部边界至吉利区与济源市界东 300m，东部至洛阳黄河公路桥西 300m，北部以吉利区引黄灌渠南 200m 为界，南部以孟津县境内黄河生产堤为界。

孟津、孟州核心区：面积 5100hm^2，其中孟津县 3800hm^2，孟州市 1300hm^2。核心区界西至洛阳黄河公路桥东 300m，东至孟津境内杨沟，北以黄河新堤为界，南部以孟津县境内黄河生产堤为界。

河南黄河湿地国家级自然保护区缓冲区面积 9400hm^2，占保护区面积的 14%，位于保护区各核心区的边缘。

三门峡库区缓冲区：面积 2000hm^2，其中灵宝市 1200hm^2，陕县 300hm^2，湖滨区 500hm^2，缓冲区界至核心区界 200m。

吉利、孟津、孟州缓冲区：面积 7400hm^2，其中吉利区 400hm^2，孟津县 3500hm^2，孟州市 3500hm^2。缓冲区界西至吉利区与济源市交界处，北部以引黄灌渠为界，南部以核心区南 200m 为界，东部至核心区界 300m。

实验区：实验区位于缓冲区的边沿，对核心区和缓冲区起到卫护作用，实验区面积 37000hm^2，占保护区面积的 54%，其中灵宝市实验区面积 2400hm^2，陕县 700hm^2，湖滨区

1500hm², 渑池县 7500hm², 新安县 6500hm², 吉利区 1500hm², 孟津县 7000hm², 济源市 8000hm², 孟州市 1900hm²。

山西运城湿地自然保护区划分为核心区、缓冲区和实验区三个功能区。

根据运城湿地自然保护区动植物资源、濒危物种及突出的生态地理景观,将保护区划分出五个核心区:

河津禹门口——临猗安昌核心区:长 64km,宽 5.6km,面积 12916.2hm²。

临猗姚卓村——芮城风陵渡核心区:长 55km,宽 3.2km,面积 9777.7hm²。

芮城涧口——芮城大禹渡核心区:长 47km,宽 2.1km,面积 3368.1hm²。

芮城任家沟——平陆三门峡核心区:长 58km,宽 3.2km,面积 8662.4hm²。

伍姓湖核心区:长 4km,宽 3.6km,面积 1295hm²。

以上 5 处核心区面积为 36019.4hm²,占保护区总面积的 41.47%。

缓冲区是位于核心区外围与实验区的过渡地带,其功能是缓和和阻隔保护区周边或实验区内高强度人为活动可能产生的各种干扰。运城湿地自然保护区缓冲区面积为 7325.5hm²,占保护区面积的 8.43%。

实验区是保护区内人为活动最为频繁的区域,主要用作发展本区域特有生物资源的场地,也可作为野生生物就地发展繁育基地,可根据当地经济发展,建立各种类型人工生态系统,为本区域生物多样性恢复进行示范。运城湿地自然保护区实验区面积为 43516.1hm²,占保护区面积的 50.09%。

主要保护对象:自然保护区以湿地生态系统和珍稀动植物资源为主要保护对象,以保护湿地生态系统的自然性、完整性和生物多样性,长期维护生态系统稳定和开展科研、监测、宣传、教育为主要目的。

自然保护区内动植物资源:动物资源,保护区共记录到鸟类 175 种,隶属 16 目 42 科。其中鸭科 26 种占 14.9%,鹰科 16 种占 9.1%,鹭科 11 种占 6.3%,鹬科 10 种占 5.7%,鸥科 8 种占 4.6%,鸦科 8 种 4.6%,雀科 7 种占 4%;鹤科、鸠鸽科、鸱鸮科、啄木鸟科各 5 种;秧鸡科、翠鸟科、鹡鸰科、鸦科、鸽科各 4 种;鹏鹏科、鹳科、隼科、雉科、反嘴鹬科、杜鹃科、燕科、文鸟科各 3 种;鸊鷉科、伯劳科、卷尾科、鸫科、画眉科、莺科、山雀科各 2 种;鸬鹚科、鹮科、鸨科、雉鸽科、燕鸽科、雨燕科、戴胜科、鸭科、黄鹂科、椋鸟科、绣眼鸟科各 1 种。

本区的兽类资源较缺乏,仅有 22 种,分别隶属 5 目 8 科。其中啮齿动物较多占 13 种,隶属 2 目 4 科。本区的兽类属古北界种 12 种占本区兽类总数的 54.5%,东洋界种 7 种占兽类总数的 31.8%,广布种 3 种占兽类总数的 13.7%。在本区,兽类区系具有古北界、东洋界互相混杂过渡的特征。

保护区内现有两栖动物2目5科10种。在保护区内分布数量最多,最普遍的是大蟾蜍、泽蛙、黑斑蛙。其他种类则数量较少,而大鲵只有在新安县黄河支流入口处可以见到。

在保护区已记录到的爬行动物有3目7科17种,在17种爬行动物中广布种6种占35.3%,古北种4种占23.5%,东洋种7种占41.2%,就区系成分看,本保护区仍有古北界向东洋界过渡的特征。

在保护区共记录到昆虫437种,隶属13目108科,主要集中在鳞翅目、鞘翅目、膜翅目、同翅目、蜻蜓目。上述5目占昆虫总种数的75.33%。

保护区内的鱼类共63种,隶属8目14科,鱼类中以鲤科为主,有42种,占66.7%。人工养殖主要是草鱼、鲤鱼、鲫鱼、鲢鱼、鲶鱼,还有少量从南方进来的鱼种,如武昌鱼等尚在试养中。鱼类数量较多,国内著名的是黄河鲤鱼。

河南黄河湿地国家级自然保护区和山西运城湿地自然保护区内珍稀濒危鸟类主要包括:国家一级保护动物东方白鹳、黑鹳、金雕、白肩雕、玉带海雕、白尾海雕、白头鹤、丹顶鹤、白鹤、大鸨共10种;国家二级保护动物大天鹅、小天鹅、灰鹤等33种。另外,还有苍鹭等常见湿地水禽。

植物资源,保护区内有记录植物743种,其中藻类植物118种,苔藓植物27种,维管植物598种。

本区内的植物区系组成的最大特点是以草本植物为主。所有种类组成中,木本植物仅有13种,仅占总种数的5.13%,而草本植物高达240种,占总种数的94.87%。草本植物中多年生植物共有74种,仅占总种数的29.25%,而一年生植物高达179种,占总种数的70.75%。这些完全符合湿地植物区系组成的特点。

在组成湿地植被的建群种中木本植物仅有1种,毛白杨;草本植物主要有11种,分别是马唐、反枝苋、苍耳、圆叶牵牛、一年蓬、沙蓬、扁秆藨草、甘草、狗尾草、野大豆、苦荬菜等,这与湿地植被组成的规律完全一致。

浮游植物主要是藻类,本区内至少有藻类8门37科71属118种。由于浮游植物的种类分布受气候、温度等诸多自然因素影响较大,估计该区内藻类种数会远超此数。该区藻类以绿藻和硅藻占绝对优势,其种类数量分别占总数的35.9%和33%,群落结构类型为硅藻与绿藻型。

水生植物主要为眼子菜科、金鱼藻科、睡莲科、浮萍科等;沼泽地分布植物以香蒲科、禾本科和莎草科为多。组成水生植被的优势种主要为世界广布种,如芦苇、水烛、狐尾藻、金鱼藻、苦草和浮萍等,其次,为亚热带至温带分布的眼子菜、茨藻等;热带到温带分布的有莲、线叶眼子菜、黑藻等;温带分布的仅有狸藻属优势种。

其中,工程经过的湿地自然保护区的种子植物按其利用性质可划分为10种植物资源类。

(1)纤维植物资源:据调查,该区纤维植物有16种,主要有榆、荩草、苎麻、芦苇、白羊草、旱柳等。

(2)油脂植物资源:油脂植物有10种。主要有苍耳、野大豆、臭椿等。

(3)芳香植物资源:芳香植物有15种,主要有薄荷、黄花蒿、猪毛蒿、茭蒿等。

(4)淀粉植物资源:本区有淀粉植物18种,主要有榆、苦荞麦等。

(5)蜜源植物资源:蜜源植物20余种,主要有酸枣、百里香、旋复花、薄荷等。

(6)饲料植物资源:饲用植物资源约有109种。主要有白羊草、马唐、画眉草、蟋蟀草、狗牙根、虎尾草、狗尾草、沙蓬、蒲公英、车前、苜蓿、早熟禾等。

(7)药用植物资源:药用植物资源共有89种,主要有薄荷、罗布麻、车前、柴胡、远志、蒙桑、地肤、蒺藜、欧洲菟丝子、益母草等。

(8)农药植物资源:本区有农药植物12种,主要有大戟、艾蒿、黄花蒿、白屈菜等。

(9)野菜植物资源:本区有野菜植物36种,常见的优良野菜如荠菜、马齿苋、独行菜、藜、反枝苋、苦荬菜、碱蓬等。

(10)观赏植物资源:观赏植物资源25种,常见的有石竹、旋复花、圆叶牵牛、二色补血草、阿尔泰紫菀、紫菀、三脉紫菀、蕴苞麻花头、钟苞麻花头等。

根据现场踏勘以及收集到的资料,结合工程沿线地形、地貌、植被等综合条件,分析工程沿线主要鸟类生境,其可划分为黄河开阔水面区、浅水嫩滩沼泽区、老滩杂草农牧区、黄土丘陵山地和人工林区5类生境。不同的生境内分布着不同的鸟类种群,具体分布情况如下。

(1)浅水嫩滩沼泽区(Ⅰ),是夏季泄洪后形成的沼泽湿地,生长有大量芦苇、白毛,伴生有香蒲、曼陀罗、苍耳等,形成沼泽和草甸湿地。本区以涉禽和小型游禽为主,包括苍鹭、鹤、鸥及鸥形目鸟类,并且是小型鸭类的觅食地。植物群落类型以挺水植物群落为主,主要种类为香蒲和芦苇。高约2m,主要分布于黄河浅滩、青龙涧河和苍龙涧河,面积约250hm^2,在两条涧河内近80%的水面为水烛(蒲草)群落所覆盖。该群落在自然保护区分布较广,且是陕州景区的优势植被类型。伴生植物主要有线叶眼子菜、马来眼子菜以及少量的大茨藻植物,该群落是鱼类和水禽栖息的重要场所,也是大天鹅、黑鹳、野鸭、灰鹤、大鸨等多种鸟类的重要的取食场所。

(2)老滩杂草农牧区(Ⅱ)。在常年不被水淹的地带,河滩盐碱地被当地群众开垦,用来种植黄豆、花生、玉米等农作物。草丛植被主要种类为碱茅、蒿草、狗牙根、灰绿藜等,覆盖度60%,平均高度50cm。该区主要分布有百灵、麻雀、鹌鹑、灰鹤、大鸨等食草籽、谷物的鸣禽和地禽等,有时大天鹅也到该处取食,近年来随着保护意识的提高和管理力度的加大,采用种植的作物不收割,以此作为动物和鸟类的食物,有时甚至人工投放一些粮食来喂鸟,所以鸟类的数量和大天鹅的数量逐年增加,同时也带来本区鼠类增多以及鹰隼类常到此区盘旋觅食。

(3)人工林群落(Ⅲ)。该类型均为人工栽植,主要分布于黄河大堤两侧的堤防林,人工种植果林,及陕州风景区大面积园林。其中主要树种有杨树、垂柳、雪松、刺槐、苹果、桃、枣等,占90%,其余还有侧柏、洒金柏、大叶黄杨等绿化、美化植物,但比例较小。在该区域类型活动的鸟类以本地留鸟为主,主要有麻雀、灰喜鹊等。高大树林是金雕主要栖息场所,在本地区偶尔发现。该区人为活动频繁,人口密度较大,对其他敏感鸟类有较大干扰,一般不到本区活动。

(4)黄土丘陵山地(Ⅳ),黄河南北两岸的丘陵山地,人工栽植有刺槐、杨、柳、泡桐、苹果、桃等人工材林,及自然生长灌草丛。由于干旱缺水,植物生长缓慢,覆盖度不高,多是一些杂灌木和旱生草本植物,如酸枣、皂角、胡枝子、黄荆条、茅叶苔草、狗尾草和蒿属植物,但该区在退耕还林后,自然植被有所恢复,动物数量有增加的趋势,在该区活动的动物主要有鸡形目、隼形目、鸦科及鸠鸽科鸟类等。

(5)黄河开阔水面区(Ⅴ),包括库区水面及其附属水体。该区以水生植物为主,主要分布有沉水植物群落,数量较多的是菹草群落和金鱼草群落,主要分布于黄河沿岸和陕州景区的水体中,伴生种类有黑藻、狐尾藻、茨藻等。在此区栖息停留的为游禽,如大天鹅、灰鹤、黑鹳、雁类、潜鸭类、苍鹭等。优势种群有大天鹅、黑鹳、斑嘴鸭等。其中最引人注目的是大天鹅。每年10月下旬至翌年3月大天鹅飞来越冬,常能看到千只以上的大天鹅种群。藻类是大天鹅的重要食物。

自然保护区内主要鸟类活动区域主要分布在黄河水域(Ⅴ)和浅水嫩滩沼泽区(Ⅰ),通过现场调查和咨询自然保护区管理局有关专家,了解到鸟类在自然保护区内主要分布4个区域,这4个区域出现鸟类活动概率较大。

在不同区域主要出现的鸟类如下:第一区域主要有大天鹅、骨顶鸡、绿翅鸭、秋沙鸭、豆雁、白额雁等;第二区域主要有大天鹅、骨顶鸡、绿翅鸭、秋沙鸭、苍鹭、白鹭等;第三区域主要有大天鹅、骨顶鸡、绿翅鸭、秋沙鸭、金雕、棕头鸥、花脸鸭、黑天鹅等；第四区域主要有大天鹅、骨顶鸡、绿翅鸭、秋沙鸭、黑鹳、白鹤、白鹭、苍鹭、大鸨等，其中大天鹅较为常见。

大天鹅是国家二级保护动物，别名白天鹅，是两个黄河湿地保护区内重要的保护类群，是保护的主要对象。其生态习性、迁徙规律和栖息地如下。

大天鹅属于鸟纲，雁形目，雁鸭亚目，鸭科，雁亚科，雁族，天鹅属。眼及颌与嘴角间的三角形块呈黄色，它的嘴尖、脚蹼为黑色，嘴基部黄色，翅长超过560mm，外侧尾羽短于中央尾羽，仅60mm或不足60mm。体雪白，颈修长，头与颈的长度超过躯体长度。

大天鹅体高、个大、颈长、身体健壮有力，多数冬居在南亚大陆和我国长江以南地区及沿海一带，也有部分大天鹅冬天远居在非洲大陆。春天，冰雪融化，三月底至四月初，大天鹅飞到新疆、青海、内蒙古和黑龙江等地，繁殖幼鸟，传宗接代。大天鹅窝巢周围百米水域内均属家族成员活动领地。家族群体成员能互不侵犯。成年大天鹅的身长可超1m，抬起头来身高也超1m。它们体型肥胖、脖颈细长、翅膀阔健有力、鸣声宏亮，显得特别洁净高雅。雌性大天鹅体态与雄性相似，但体型较小。大天鹅一般寿命为20～30年。

大天鹅不仅会在水面浮游，还会潜水，更善于长途飞行，飞翔速度每小时可超过140km。飞行高度可达900m。大天鹅聪明，记忆力很强，能识记旧巢。

在该自然保护区，大天鹅属于冬候鸟，每年10月下旬迁来，翌年2月底至3月上中旬迁离，居留时间5个月左右。大天鹅性胆小，警惕性极高，一般情况下，大天鹅很难接近，当发现有人向其靠近时，就向对岸游去，但一般不上岸，当人接近到100～150m时，便惊恐飞走，由于大天鹅体躯大而笨重，起飞不甚灵活，起飞时两翅急剧拍打水面，两脚在水面奔跑一定距离(4～10m)才能飞起。当天刚蒙蒙亮和黄昏时，或者遇到大雾天气，大天鹅较易接近，可以接近至60～80m。在冬季，大天鹅常呈家族群活动，幼鸟全身为灰褐色，在群体中容易区分，总是形影不离地跟随着成体。大天鹅主要以水生植物的叶、茎、种子和根茎为食。水生植物的叶、茎、嫩芦苇根、水葱和苔草等都是大天鹅喜爱的食物，但也偶食少量水生软体动物、水生昆虫，如蚯蚓、贝类、鱼、虾、田螺等，可补充蛋白质营养、满足其快速生长发育的需要。幼鸟多吃田螺、蚯蚓、泥鳅和昆虫等。在该自然保护区，大天鹅的食物主要为小麦、香蒲、菹草、马来眼子菜、穿叶眼子菜、黑藻、狐尾藻以及杂草的种子等。大天鹅的嘴掘食能力很强，它们在觅食时将它那约70cm的长颈探入泥水中，身体在水中倒立，用嘴捞取水生植物,有时能挖掘埋藏于淤泥下0.5m处的食物,每天的早晨和黄昏是觅食高峰,大天鹅在觅食时,警惕性仍然很高,一旦有人接近,就会飞离。经观察和调查,大天鹅在评价区白天常见在两条涧河与黄河浅滩处活动取食,但活动区域有不确定性,夜晚主要积聚在黄河深水区和水面开阔处栖息。

大天鹅常栖息和活动于保护区内面积较大的湖、塘等开阔水域中。大天鹅极善游泳,一般不潜水,白天大天鹅分散活动于保护区面积较大而开阔水域,到了夜晚,主要集群栖息于黄河,因为这里水域面积很大,人畜难以接近,几乎不受人类干扰。大天鹅整夜都在水面上度过,睡觉时,有的个体将头插入两翅的羽毛间休息,一般不鸣叫,但常有一只大天鹅直立头颈探视周围,担任警戒,稍有惊扰,就会发出鸣叫声,整个鹅群开始骚动,并不断发出鸣声,但接近到60m以内时,天鹅群就会飞离,到了早晨天刚蒙蒙亮时,大天鹅逐渐分散到保护区的其他地方活动。

大天鹅性喜集群,在越冬期有不同的集群形式。

家族群:为常见的一种集群形式,以2成体3幼体或2成体4幼体居多,其中幼鸟占总数的66%左右。

同种集群:多以7~9只一群,多则可以达70~90只组成若干大群,最大集群数量在200只以上。

混种集群:常与绿头鸭、燕鸥等混居。在三门峡湿地考察中,曾多次发现大天鹅群内有灰鹤,它们相互很融洽,互不干扰。灰鹤警惕性甚高,常抬头张望,当发现在人接近至200~300m时,便立即起飞,而大天鹅常在人接近100~200m左右时才开始飞走。

工程沿线大天鹅具有游荡性,哪里有食物来源,它们就栖息于此。每年大天鹅活动区域不同,如2006年12月在青龙湖、苍龙湖调查观测到七八十只大天鹅活动,而2008年在该地方未观测到,但在黄河北岸山西后湾村处河滩水域附近观测到百余只大天鹅。大天鹅在自然保护区内主要栖息地位于现状G209黄河大桥两侧、现状G209青龙涧大桥西侧500m、青龙湖、苍龙湖、三湾和窑头等处的水域、滩地。

总体了解到大天鹅有以下主要生态习性和活动规律:以取食植物为主,对人类干扰敏感,一般与人保持150m远的距离,喜群居,白天分散(成小群)活动,夜间聚集成大群,栖息于黄河深水和水面开阔处,有较强的记忆力和识别力。

2. 自然保护区功能区调整及与工程线位关系情况

河南黄河湿地国家级自然保护区功能区调整及与工程线位关系情况:鉴于工程线位

在 K14+145～K15+035 约 0.89km 穿越河南黄河湿地国家级自然保护区,其中穿越核心区、缓冲区和实验区路线长度分别为 0.54km、0.20km、0.15km,与《中华人民共和国自然保护区条例》第十八条、第三十七条等有关规定不符。为此,建设单位委托相关专业机构编制了《河南黄河湿地国家级自然保护区功能区调整综合论证报告》和《河南黄河湿地国家级自然保护区总体规划》,河南省林业主管部门主持召开评审会并同意对功能区进行调整。根据上述论证报告和相关文件,《国家级自然保护区范围调整和功能区调整及更改名称管理规定》等,河南省人民政府以文件形式向国家林业局申请将工程所穿越的保护区核心区和缓冲区调整为实验区。国家环保总局自然保护区评审委员会审查《河南黄河湿地国家级自然保护区功能区调整综合论证报告》,经国务院国家级自然保护区评审委员会评审,同意河南黄河湿地国家级自然保护区功能区调整。国家林业局以文件形式原则同意工程穿越河南黄河湿地国家级自然保护区实验区。保护区功能经调整后,工程施工期仅穿越"河南黄河湿地国家级自然保护区"实验区共 0.89km,不再穿越保护区的缓冲区及核心区。

山西运城湿地自然保护区功能区调整及与工程线位关系情况:鉴于工程线位在 K12+645～K14+145 之间 1.5km 穿越山西运城湿地自然保护区,其中穿越核心区路线长度为 1.5km 与《中华人民共和国自然保护区条例》第十八条、第三十七条等有关规定不符。为此,建设单位向地方相关主管部门提出调整平陆县湿地自然保护区部分功能区的申请,相关林业调整规划机构编制《运城湿地自然保护区平陆段部分功能区调整综合论证报告》,并经论证报告评审,山西省相关主管部门原则同意将工程所穿越的山西运城湿地自然保护区核心区调整为实验区,功能区调整宽度为 200m。随后,山西省主管部门以文件形式原则同意工程穿越实验区。

3. 工程路线走向避让自然保护区可行性

河南黄河湿地国家级自然保护区于 2003 年 6 月经国务院批准成立,该保护区位于河南省西北部,东西长 301km,跨度 50km,总面积 68000hm^2。保护区横跨三门峡、洛阳、济源、焦作四市;其相邻的山西运城湿地自然保护区从山西省河津市禹门口开始,到山西省垣曲县碾盘沟止的沿黄河湿地及永济市伍姓湖和运城盐湖两个自然湖泊。保护区西与陕西省的韩城、渭南地区接壤,南与河南省三门峡、洛阳隔河相望。2 个相邻自然保护区顺黄河流向呈东西带状走向,长 301km,而工程线位呈南北走向。桥位距 2 个自然保护区西边界(桥位上游),即河南省和山西省分别与陕西省边界交界处垂直距离约 71.5km,距自然保护区东边界(桥位下游)垂直距离约 137km。由于自然保护区地理位置和工程走向关系,导致工程避让自然保护区是困难的。

4. 工程建设对自然保护区影响分析

自然保护区内路段工程概况:工程线位在 K12+645～K14+145 约 1.5km 穿越山西运城湿地自然保护区,工程线位在 K14+145～K15+035 约 0.89km 穿越河南黄河湿地国家级自然保护区。工程穿越保护区路段由黄河特大桥(K12+645～K14+510)和部分填方路基(K14+510～K15+035)组成,其中黄河特大桥北岸的 21 孔引桥中的 15 孔位于山西运城湿地自然保护区以内。黄河南岸 K16 处的三门峡互通立交的一处匝道也位于保护区范围内。另外,工程黄河南岸设置主线收费站和超限管理站各 1 处。桥梁征地面积为 89.5 亩❶,其中桥墩占地面积为 5.6 亩,工程位于保护区内路段的具体工程量见表 9-7。

位于自然保护区内的设施分布及占地情况统计表(单位:亩) 表9-7

中心桩号	项目	老路利用	耕地	林地	荒山	河滩	宅基地	合计
K16+000	三门峡互通占地	397.0	226.5	125.0	41.1	121.6	25.9	937.1
南接线	主线收费站占地	—	—	11.0	15.0	—	—	26
南接线	超限管理站占地	—	—	16.0	4.5	—	—	20.5
	合计	397	226.5	152	60.6	121.6	25.9	983.6

黄河特大桥段:主桥采用中承式钢管混凝土拱桥,跨径组合为 80m+320m+80m,主桥长 480m,下部结构采用钻孔灌注桩基础。桩基采用的是钻孔灌注桩基础,施工时架设栈桥作为施工平台,钻孔成孔,然后吊放钢筋笼,浇筑混凝土;承台采用钢板桩围堰的方法施工。在承台上直接搭设模板进行墩身的施工;主桥上部结构采用缆索根据吊装能力将拱肋分若干段,依次吊装,空中拼接,最后合龙,同时安装吊杆及系杆,进行初步张拉,开始浇筑钢管混凝土,然后吊装横梁,并随着横梁的吊装,桥面的灌注铺装等施工工序开展,逐步张拉系杆,直至完成主桥施工。

副桥上部结构采用变截面连续箱梁,跨径组合为 50m+8×80m,下部结构采用薄壁空心墩和柱式墩,钻孔桩基础。下部结构为薄壁空心墩和柱式墩,钻孔桩基础。施工时

---

❶ 1 亩 = 666.6̇ m²。

架设栈桥作为施工平台,基础钻孔成孔,然后吊放钢筋,浇筑混凝土,墩身直接搭设模板进行墩身的施工;副桥上部结构采用跨径变截面预应力混凝土连续箱梁,采用工厂预制加工,然后简支安装。

引桥上部结构为等截面连续箱梁,跨径组合 24×40m(其中北岸 21 孔,15 孔位于保护区内;南岸 3 孔)。下部结构采用薄壁空心墩、柱式墩,钻孔桩基础。

黄河特大桥全长 2139m(其中位于保护区内 1865m),桥面按双向六车道高速公路建设,设计速度 100km/h,特大桥面净宽 2×15.5m。下部结构为薄壁空心墩和柱式墩,钻孔桩基础。施工时架设栈桥作为施工平台,基础钻孔成孔,然后吊放钢筋,浇筑混凝土,墩身直接搭设模板进行墩身的施工;引桥上部结构采用跨径 40m 等截面预应力混凝土连续箱梁,采用工厂预制加工,然后简支安装。

填方路基段:工程在 K14+510~K15+035 之间约 525m 为填方路基,路基宽 28m,设计速度 100km/h,路基平均高度约 2m,填方量约 7.0 万 m^3。

工程沿线设施:黄河南岸设主线收费站 1 处,占地 26 亩;设超限管理站 1 处,占地 20.5 亩;三门峡互通立交部分匝道。

施工期对自然保护区的影响如下。

(1)对植被的影响。工程所占的区域将破坏当地的植被,包括毛白杨林和草本植物群落,一些建群种和优势种将会在这些区域消失,乔木如毛白杨、杂交杨,草本植物如扁秆薦草、狗牙根、马唐、苍耳、一年蓬、沙蓬、圆叶牵牛、野大豆等。除野大豆外,其余这些植物均为保护区内广泛分布的常见种,资源丰富,群落类型多样,高速公路所占面积较小,仅会对局部的植被和植物多样性产生不利影响,不会降低整个保护区的植被与植物生物多样性,不会造成整个群落结构和植被景观的根本改变,不会导致森林群落的逆行演替的发生和地带性植被的改变。施工工程中产生的粉尘如果不采取防尘措施,飞扬的粉尘便会洒落在周围的植物和农作物上,这将影响它们的光合作用,以及它们的正常生存和发育。对于国家二级保护植物——野大豆,虽然施工和占地会导致局部种群的消亡,但由于野大豆在工程的建设区域分布范围较小,种群密度较低,而在整个黄河河漫滩野大豆都有分布,因此,不会对整个运城湿地保护区的野大豆种群造成明显的影响。工程施工期对保护区内植被的影响主要表现在:工程永久占地对保护区内植被的破坏;扬尘阻碍植物叶片气孔,从而影响其光合作用以及不同程度的水土流失也将侵占植物生存环境。除黄河水域外,工程穿越山西运城湿地自然保护区路段植被为农田作物,河南黄河湿地国家级自然保护区路段为农田、果园和护岸林带,野生湿地植被较少。工程建设对保护区内野生植被影响较小。

（2）对野生动物的影响。保护区野生动物资源丰富，共有动物867种，其中鸟类175种，兽类22种，昆虫437种，鱼类63种，爬行类17种，两栖类10种，其他动物143（软体动物、节肢动物等）种。属国家一级保护的动物有10种；二级保护动物有33种。鱼类中有珍贵的铜鱼、黄河鲤鱼及一些经济价值很高的洄游鱼类如鳗鲡等。常见湿地水禽有鸬鹚、苍鹭、池鹭、白鹭、大白鹭、夜鹭、豆雁、灰雁、大天鹅、小天鹅、绿头鸭、斑嘴鸭、绿翅鸭、赤麻鸭、斑头秋沙鸭、普通秋沙鸭、灰鹤等。河南黄河湿地国家级自然保护区建立初期，保护区越冬大天鹅数量可达7000多只。之后逐年增多，据2006年保护区三门峡管理分局的统计，大天鹅数量达12000只左右。

工程施工过程中，栖息于河南黄河湿地国家级自然保护区和山西运城湿地自然保护区内的鸟类，主要会受占地、施工噪声、施工灯光及施工扬尘的影响，从而使得鸟类栖息、觅食和活动的面积减少，这些影响必将导致鸟类远离工程施工区域，驱使鸟类往其他区域活动，但不会影响大区域鸟类种群数量和分布。自然保护区湿地植被主要是农作物，施工区域会破坏植被，影响动物的栖息、活动觅食等。大桥建设占地只有农田和果园 2.314hm²，基本上采用桥梁形式通过自然保护区，大部分在主河道内，只占桥墩处及引桥部分很少的土地，对植被的破坏面积不大。工程区上下游都有与施工区域相似的湿地生态环境，受施工影响后，水鸟会迁移至工程两侧适宜其生存的环境。通过保护区及施工单位采取有效的管理及施工措施，工程建设只会对施工地段大天鹅等珍稀水禽分布产生影响，不会导致保护区物种及数量的减少。施工噪声将会打扰鸟类的安静栖息环境，影响他们正常生理活动规律，但根据预测和同类工程施工类比分析，工程施工期噪声在公路中心线两侧600m处基本上可以达到背景值（昼间，夜间不施工）。而工程桥位距离鸟类主要聚集区（第三区）即大天鹅观赏区最近600m，对该聚集区的鸟类可能会产生一定影响。早晨、黄昏和晚上是鸟类活动和觅食的高峰时段，施工场地灯光光照强度较强，施工车辆的灯光照射强度也必将增大，而且能够照到很远方位，这些将会打乱鸟类昼夜生活节律，必将对保护区内的鸟类产生影响，因此，保护区路段每日18时至次日6时之间应禁止施工作业。工程在保护区内施工过程中，产生扬尘的主要施工环节为施工材料运输产生的路面扬尘。根据其他工程类比分析，此类路面扬尘影响范围一般不超过路线和施工便道两侧200m。综上所述，工程在河南黄河湿地国家级自然保护区和山西运城湿地自然保护区内施工，会导致评价范围内鸟类的种类和数量减少，但工程上下游都有与施工区域相似的湿地生态环境，受施工影响后，鸟类会迁移至工程两侧适宜其生存的环境。

黄河大桥桩基施工时，河床受到扰动，会致使下游局部河段水质中固体悬浮物含量增加,从而对工程下游黄河河段内水生生物造成影响。工程大桥桩基采取围堰法施工,在施工过程中建设单位必须加强施工管理,废弃的泥浆要及时处理,避免产生新的水土流失淤积河道,侵占生物栖息场所,而且桥墩泥浆水不得弃于保护区内。另外,施工期机械施工、维护可能产生少量含油污的废水,要统一送至指定地点集中收集,集中处理,避免对水体生物造成不良影响。通过采取上述工程和管理措施,工程施工对黄河水生生物的影响不大。

南岸主线收费站、匝道收费站和超限管理站均位于自然保护区的实验区内,不符合自然保护区管理的有关要求。但由于跨黄河桥位(K14+145)至工程终点(K16+477)仅 2.3km,其中需设置与 G310 国道和连霍高速公路两条道路的互通立交,受此条件制约,确实难以将 2 处收费站及超限管理站调整至保护区外;现场踏勘表明,站址所在区域主要为人工林(果园、用林)和农田,不是保护区重点保护动物的栖息地,对保护区功能影响不大。

运营期对自然保护区影响如下。

(1)对植被的影响。工程穿越的山西运城湿地自然保护区 1500m 湿地区域,由于历史原因,20 世纪 60 年代三门峡库区海拔 330m 以下的滩涂及淹没耕地被征用,但三门峡库区运行水位一直在 210~220m 之间徘徊,所以留下的滩涂地大部分被当地农民种植大豆、花生、玉米等农作物或营造滩涂速生杨,工程两侧以农作物、少量速生杨为主,通过人工营造,可恢复天然植被,不会破坏生态环境。工程建成运营后,随着临时施工场地、施工便道等处植被的恢复,以及工程沿线绿化带的生长,对保护区内植被的影响将逐渐降低。

(2)对野生动物的影响。工程运营期对保护区鸟类的影响主要是交通噪声、夜间灯光,其中汽车尾气、桥面径流也会影响保护区环境质量的影响。工程穿越和影响山西运城湿地自然保护区距离 1.5km,不穿越三湾和窑头两个黄河滩涂主要湿地,接线工程在 K3+700~K4+400 和 K5+100~K5+900 之间距离保护区边缘约 150m,但距离大天鹅等鸟类的集中栖息地约 1200m。在工程北岸接线沿线目前有现状平风路,在三湾大天鹅集中栖息区域处设置了 1 处声环境现状监测点位,监测结果不满足《声环境质量标准》中 0 类标准的要求,但该处目前也有大量大天鹅栖息,由此可见,该处大天鹅也已经适应了外界交通噪声。因此可以认为,鸟类对交通噪声有一定的适应性,工程的建设不会破坏平陆段湿地核心区整体功能的发挥。河南黄河湿地保护区内的工程区及附近,野生动物主要分布在青龙涧河和苍龙涧河与黄河交汇处的黄河主河道和青龙涧河河道末端区域,特别是在青龙涧河与黄河交汇处的青龙坝大闸以上 1km 范围内,每年 10 月至翌年 3

月,大约有 4000 只大天鹅在此越冬。工程距离大天鹅等野生动物的主要活动区域黄河主河道和青龙涧河河道末端最近距离为 600m,根据前述预测,工程建成后噪声的影响范围在 800m 以内,汽车尾气的影响范围在 85m 以内。另外,工程所在地已有 G310、G209 和大天鹅观赏区的景区道路三条现有道路存在,人为活动较多,在工程桥位处的黄河滩地和现状 G209 青龙涧大桥西侧 500m 处各设置了 1 处声环境现状监测点位,监测结果均不满足《城市区域环境噪声标准》中 0 类标准的要求,但是目前在 G209 青龙涧大桥西侧 500m 处有大量大天鹅栖息,由此可见,大天鹅对交通噪声已经有了一定的适应性。运营期来往车辆所产生的交通噪声及鸣笛声等,都将影响道路两侧周围声环境。经预测,工程运营期交通噪声在公路中心线两侧约 800m 处,可以达到保护区内的声环境背景值。工程运营后,来往车辆交通噪声会对自然保护区内的鸟类所产生一定的影响,但鉴于鸟类对交通噪声有一定的适应性,且工程通过采取禁鸣和降噪声屏障后可降低交通噪声对自然保护区内鸟类的影响。

根据相关研究表明,除极少数在夜间活动的野生动物外,大多数野生动物在晚上安静不动,不喜欢强光照射。夜间车行灯光、桥上照明灯光等可能会照亮动物休息环境,打乱动物昼夜生活的生物钟节律。灯光的影响可通过桥梁两侧设置遮光板、限制开远光灯等措施加以缓解,而且限制大桥过渡设置景观灯。因此,在采取遮光降噪措施后,工程运营期夜间灯光对河南黄河湿地国家级自然保护区内的保护动物的影响降至最低。

运营期汽车排放的尾气对鸟类具有一定的影响,但影响较小,废气能够得到及时扩散,有害气浓度因此降低。根据预测可知,工程位于黄河湿地内的路段,只在运营远期距桥梁中心两侧各 85m 以内的区域 NO_2 含量超出《环境空气质量标准》(GB 3095—1996)中一级标准的要求;路中心线两侧 85m 以外可以到达一级标准。

由于大桥比水面高 70 多米,主桥跨径达 480 多米,工程建成后,可降低对大天鹅迁入和迁出活动的影响。工程运营期对河南黄河湿地国家级自然保护区和山西运城湿地自然保护区的影响可降至最低。

环境风险对保护区的影响:由于工程跨越黄河湿地保护区路段,主要以高架桥的形式通过,且工程运营后,来往车辆运输的货物种类繁多,存在发生环境风险事故的可能性。对位于黄河湿地自然保护区内的路段,发生环境风险事故后,可能对保护区产生一定影响。

由运营期危险品运输风险事故影响分析结论可知,工程运营后,工程全线敏感路段发生运输危险品车辆侧翻等重大交通事故造成水体污染的可能性很小,但是此类事故一旦发生,将会对环境造成极其严重的破坏。况且工程部分路段所跨越的河南黄河湿地国家级自然保护区和山西运城湿地自然保护区,属于环境敏感区域,若在跨越保护区路段发生危险品事故,将会对保护区内的水环境、环境空气和生态环境造成严重破坏,严重威胁保护区脆弱的生态系统。

为了避免此类事故的发生,要求公路管理部门做好应急计划,防范和应急两手都要抓。就工程来说,首先,应该从工程、管理等多方面落实预防手段,以降低该类事故的发生率;其次,公路管理部门应高度重视此类问题,做好应急计划,通过加强运输车辆管理,将污染影响降至最低;同时应针对污染特点制定应急方案,配备应急设备,以便在事故发生的第一时间进行处理,把事故发生后对环境的危害降至最低。

5. 环境保护措施

工程 K12+645~K15+035 穿越山西运城湿地自然保护区和河南黄河湿地国家级自然保护区,穿越长度分别为 1.5km 和 0.89km,如果采用高填土路基通过,会把该处湿地一分为二,阻断或减少两侧的水系联系,进而影响湿地的生境。设计中已考虑到该问题,K12+645~K14+510 之间采用桥梁的形式通过;K14+510~K15+035 之间(为丘陵平原区,分布为农田和果园)采用填土路基形式通过,平均路基高度约 2m。这样既减少了工程永久占地的数量,同时还减轻了工程对湿地的阻隔效应,最大程度地避免了工程建设对湿地的影响。

设计阶段,在通过自然保护区的路段设置监控点,保证通过黄河湿地段的桥梁全段无盲区视频监控,以加快对突发风险事故的应急反应处理速度。

征用保护区内土地时,应当事先征询保护区行政主管部门的同意,《自然保护区土地管理办法》(〔1995〕国土〔法〕字第 117 号)第十五条规定,"依法使用自然保护区内土地的单位和个人必须严格按照土地登记和土地证书规定的用途使用土地,并严格遵守有关法律的规定。改变用途时,需事先征求环境保护及有关自然保护区行政主管部门的意见,由县级以上人民政府土地管理行政主管部门审查,报县级以上人民政府批准。"

跨越黄河的特大桥的建筑颜色要与周围的黄河、树木背景相协调,切忌色差强烈的色彩对比;大桥的照明灯在满足行车安全需要的同时,应考虑到对自然保护区为鸟类的影响,景观照明应采用光线较弱的灯光,桥上照明应采用较大的灯罩,使光线尽可能照射在地面,在起到照明效果的同时尽量减少对周围环境的影响。采用对桥梁整体景观影响较小的轻型遮光降噪板。

施工期,建立工程施工进度报告制度,施工单位应建立施工进度报告制度,在施工前期及整个施工过程中与地方环保、自然保护区主管部门加强联系,共同协作开展工作。及时通报工程建设可能对保护区产生的影响,以及早采取防范措施。

开工前设立宣传牌,在施工人员进入保护区路段进行施工之前,在工地及营地四周设立宣传牌,简要写明以保护自然保护区为主体的宣传口号和有关法律法规,如"保护自然保护区内的鸟类和植被、处罚偷捕偷猎、救护野生动物和举报电话"等。由于大桥建设周期长,施工人员多,外来人员增加,所以必须在重要路口和过往人员较多的公路边设立宣传标牌。一方面,宣传标牌可以宣传大天鹅等湿地水禽的习性及自然保护的意义和作用,另一方面也可用于提醒周边及过往人员不要违反国家有关自然保护的法规,鼓励参与自然保护的行为。宣传标牌可以采用钢架结构,规格 3.0m×5.0m;采用中、英文两种文字书写,可以配以图像。

加强包括施工人员在内的生态环保教育,对提高进入保护区的各类人员进行宣传教育,激发其参与生态保护的积极性。施工期重点对施工人员进行宣传教育,普及有关自然保护、大天鹅及其他重要水禽的生态习性和自然植被保护等方面的知识,宣传国家环境保护、自然保护区建设和管理等方面的法律法规。同时,对周边居民加大宣传教育的力度。施工人员进场前应召开环保宣传教育集会,由保护区管理人员宣讲国家有关环境保护和自然保护区的法律法规等,介绍河南黄河湿地国家级自然保护区和山西运城湿地自然保护区建立的目的和重要意义,以及具体的保护常识。另外,可采用发放宣传册、图片等形式,或组织施工人员代表参观学习,加强宣教工作。

加强施工人员管理、禁止捕猎野生动物,工程处于生物多样性较丰富的地区,尤其是鸟类种类较多,因此,必须加强施工人员的管理,认真贯彻国家有关湿地自然保护区、野生保护动物方面的法律、法规、政策,严禁乱捕乱猎野生保护动物。

严格控制施工范围、禁止越界施工,工程开工前,施工单位必须与保护区管理部门取得联系,协调有关施工场地、施工营地以及施工便道等问题,应严格限定施工范围,将工程建设对湿地自然保护区的影响降至最低。由保护区管理部门和施工单位共同划出施工界限,并按照该界限在施工场地周围和施工便道两侧设置临时挡墙,确保施工人员不会越界施工,尽量减少施工作业对周围土壤植被的破坏。

合理选择施工时间,避开鸟类活动的高峰时段,经过保护区的施工路段应合理设计施工方案,尽量缩短在保护区内施工的时间,以减少对野生动物的扰动。施工期尽量避开候鸟迁徙期。早晨、黄昏和晚上是鸟类越冬活动、觅食的高峰时段,因此,保护区路段夜间18时至次日6时之间应禁止施工作业。

增加巡护频率,监理部门开展工程环境监理,在保护区受影响范围内,实施综合管理,控制区域人为活动。主要从加强日常巡护和宣传教育两个方面强化管理力度。在目前日常巡护每月6~8次的基础上,施工期的日常巡护每月增加4~6次,平均达到2~3日一次;每年的10月至翌年3月是重点受保护鸟类集中越冬、觅食、栖息的时段,在此期间日常巡护频率,应达到隔日一次。在整个施工期间,环保监理部门承担生态监理,采用日常巡护的方式,共同检查保护目标的生存状态、生态环境保护措施的落实情况和施工人员的保护行为。同时与施工单位的环保管理人员联合对保护对象实施管护。

组织鸟类生态监测,建设单位应接受保护区管理部门对施工路段及周边区域的巡护,保护区管理部门将会在适当位置设置监测站点,并派驻工作人员,对该段内生存栖息的野生动植物进行监测,并监督施工单位环保措施的落实情况。同时具有给饲、保护、救治功能,建设单位提供相应的设备、投食的购置费用及监测经费。鸟类监测由保护区管理人员组织科研或有关高校的专业人员进行,监测时段为每年两次,10月至翌年3月监测越冬鸟类,7月、8月两个月监测夏季候鸟和留鸟。

增设补饲点和水禽救护站。受大桥施工和运营的干扰,大桥沿线的有效生境面积缩小,水禽不能在原地正常生活,通过人工补饲可以补偿因觅食地面积减小的影响程度。在大桥两侧增设补饲点,在冬季定期投放食物,补饲点可以设置在陕县、湖滨区和五里堆湿地内。受公路施工等人为活动的影响,大天鹅等水禽的伤病率可能增加。为掌握大桥建设对保护区湿地水禽的实际影响程度,并及时救护受伤或生病的水禽等野生动物,在城村至G209国道公路桥之间设置水禽监测救护站,开展全面的生态监测和救护。

工程施工期内各有关单位必须制定相应制度,严格控制进入保护区内的人员、机具设备数量和施工作业时间,严格限制高噪声、强振动设备和大功率远光灯的使用;发现湿地内的珍稀动物须及时上报,通知林业等有关部门及时救护和处理;施工单位必须严格执行林业、水土保持、野生动物保护等部门的相关规定,严禁任意扩大施工作业面。

加强对保护区生态环境的保护,严禁在保护区内挖沙、取土、弃渣,破坏湿地生态环境和植被。桥梁施工中的桥墩基础开挖和弃渣,严禁在湿地保护区内设置弃渣场,工程弃渣必须运至保护区外进行处置。桥梁施工的施工便道尽可能设置在工程永久占地范围以内,新建施工便道在工程完工后必须恢复植被或恢复其原有功能。

严禁在保护区内设置施工营地等临时设施。建设单位应将施工产生的废弃物和废水等及时运出保护区,禁止污水、固体废物等排入湿地,避免对湿地保护区的水质造成污染。不得在湿地保护区内检修施工机械,防止施工机械产生的含油废水污染湿地保护区。

运营期,在保护区树立标识牌,在工程进入保护区前设置明显的标识,如"黄河湿地自然保护区路段,请减速慢行、禁止鸣笛""进入黄河湿地自然保护区路段,夜间禁止开启汽车远光灯"等警示标志牌,提示过往驾乘人员已经进入黄河湿地自然保护区。

护堤林除了具有防洪护堤的作用,还是保护区内重要的生物廊道,是许多动物栖息觅食活动的场所,也是生物多样性比较丰富的地方。工程的建设将破坏部分护堤林,因此,在施工结束后应及时恢复护堤林。黄河大堤附近工程绿化应结合护堤林的恢复全面绿化,绿化物种采用与现有护堤林一致的杨树、雪松、刺槐等,林下播撒豆科牧草,以改良土壤加快地表植被的恢复。黄河大桥桥下部分征地范围内以及旁边的施工便道、施工便桥占地范围内应全面绿化,地势较高处可种植紫穗槐、柽柳等灌木,地势低洼处可种植芦苇等草本植物恢复植被。

保护区管理机构做好日常巡护工作,施工结束后,日常巡护重点为工程影响区域。巡护频率恢复到目前的每月 6~8 次。每年的 10 月至翌年 3 月日常巡护频率适当加密,以加强保护水禽集中栖息地。

鸟类生态监测是一项长期工作。运行期的前 5 年,隔年进行生态监测,每监测年在冬季和夏季分 2 次对监测对象进行监测。10 月至翌年 3 月监测越冬鸟类,7、8 两个月监测夏季候鸟和留鸟。

工程的施工和运行不可避免地要对自然保护区内的生态环境和野生动植物产生影响,为减少工程建设对黄河湿地保护区的影响,在保护区资源管护、科研监测和宣传教育等方面均应相应增加基本建设工程。按照"谁破坏、谁补偿"的环境管理原则,保护区管理机构在基本建设计划的基础上增加的工程应当另行计划,并由造成生态影响的工程建设单位承担补偿义务。

保护区路段内的收费站和超限站生活污水经处理后,应全部回用作为公路绿化用水,不得排入保护区内河流水体。

工程施工期和运营期,自然保护区内的主要影响鸟类生境范围可能受到一定影响,针对各区域的不同特点提出针对性的保护措施。

Ⅴ-1区域(第四区域)为黄河开阔水域区域,是黄河湿地水禽的主要觅食活动区域之一。工程线位在K13+800~K14+600以桥梁形式穿过,主要影响是桥梁施工阶段性影响河流水质、施工行为干扰水禽觅食活动等。因此,该路段施工期应严格落实黄河特大桥基础施工过程中产生的钻渣禁止弃入河道、施工泥浆水收集处理等桥梁施工水环境保护措施,尽量减轻桥梁施工对该水域的影响;合理选择施工时间,避开鸟类活动的高峰时段(每年10月至翌年3月)。

Ⅴ-2、Ⅴ-3(第三区域)为自然保护区内的大天鹅观赏区(苍龙涧、青龙涧),工程线位距离大天鹅观赏区约600m,对其影响主要是施工噪声和交通噪声。因此,该路段施工期应注意:严禁施工车辆从大天鹅观赏区附近通过;合理选择施工时间,避开鸟类活动的高峰时段(每年10月至翌年3月);加强施工人员管理、严禁施工人员进入该区域、禁止捕猎野生动物。

Ⅰ-8区域为嫩滩地区域,是黄河湿地鸟类主要栖息活动区域之一。工程线位在K11+500~K12+100与其相邻(最近距离400m),在K13+400~K13+800以桥梁形式穿过,主要影响是施工期的噪声对鸟类栖息活动形成干扰、不当施工行为可能破坏区域内的植被等。因此,该路段施工期应注意:加强包括施工人员在内的生态环保教育,普及大天鹅等鸟类的保护知识;加强施工人员管理、禁止捕猎野生动物;严格控制施工范围、禁止越界施工,路线穿过和南侧靠近保护区范围内不设置取弃土场、拌和站等施工临时占地;合理选择施工时间,避开鸟类活动的高峰时段(每年10月至翌年3月)。严格控制进入保护区内的人员、机具设备数量和施工作业时间,严格限制高噪声、强振动设备和大功率远光灯的使用;发现湿地内有野大豆植物,要及时移栽,严禁对其进行破坏。

Ⅲ-2和Ⅲ-5区域为人工林区域,是斑鸠、啄木鸟、喜鹊、大山雀、麻雀等陆生鸟类的活动觅食区。工程线位穿过Ⅲ-5区域,与Ⅲ-2最近距离为200m,对应桩号分别为K6+000~K7+000、K8+500~K10+700和K12+100~K13+400,主要影响是施工期的噪声对鸟类觅食形成干扰、不当施工行为可能破坏区域内的植被等。因此,该路段施工期应注意:加强包括施工人员在内的生态环保教育,普及大天鹅等鸟类的保护知识;加强施工人员管理、禁止捕猎野生动物;严格控制施工范围、禁止越界施工,路线南侧靠近保护区范围内不设置取弃土场、拌和站等施工临时占地;合理选择施工时间,避开鸟类活动的高峰时段(每年10月至翌年3月)。严禁砍伐施工范围外的林木。

Ⅱ-5、Ⅱ-6和Ⅱ-7区域为黄河滩地农田,是黄河湿地鸟类的觅食区之一。工程线位与其最近距离为150m,对应桩号分别为K3+500~K4+500、K10+700~K11+500、

K4+500~K6+000 和 K7+000~K8+500,主要影响是施工期的噪声对鸟类觅食形成干扰、不当施工行为可能破坏区域内的植被等。因此,该路段施工期应注意:加强包括施工人员在内的生态环保教育,普及大天鹅等鸟类的保护知识;加强施工人员管理、禁止捕猎野生动物;严格控制施工范围、禁止越界施工,路线南侧靠近保护区范围内不设置取弃土场、拌和站等施工临时占地;合理选择施工时间,避开鸟类活动的高峰时段(每年10月至翌年3月)。

可能受工程建设影响的主要水禽栖息地是桥位穿过的Ⅴ-1水域和Ⅰ-8嫩滩地区域,即主要活动区域第四区域和第三区域。对这两处区域还应特别注意以下保护措施的落实:增设补饲点和水禽救护站;组织鸟类生态监测;设立宣传牌、标识牌;增加巡护频率,做好日常巡护工作;落实对应路段的遮光降噪防治措施。

工程运营期的交通噪声和夜间行车灯光是其对保护区特别是保护区内的鸟类的主要影响因素,因此应采取必要的隔声遮光措施,对以下几个方案进行技术经济可行性分析。

(1)普通声屏障方案。工程如采用普通隔声屏障,达到工程运营近期距路中心线100m处衰减至0类标准至少需要声屏障高度至7m,而根据工程同类桥梁估算能承受的载荷条件下只能接受2m左右高的声屏障。过高的声屏障从结构方面将增加主桥的挡风面积、不利于桥梁结构的稳定性,同时对桥梁整体美化效果有明显破坏,对黄河自然景观的切割效果更为明显。

(2)降噪林方案。如果采用宽约100m的降噪林带,其降噪量可达10dB,同时也可遮光、生态恢复与景观效果较好。缺点是受河道管理的限制,保护区内只有K14+510~K15+035长度为525m路段可以进行绿化,有1865m长的路段不能得到防护。

(3)轻型遮光声屏障方案。为解决公路夜间灯光对公路两侧鸟类的影响问题,在工程北岸接线K3+700~K4+40和K5+100~K5+900之间路段靠近保护区边缘一侧和桥梁上设置遮光隔声屏障,遮光声屏障的高度不宜过高、质量不宜过大。目前国内该类声屏障有金属材质(配非透明玻璃)和非金属材质(轻质高强水泥)两种,以天津莱茵公司生产的非金属材质遮光隔声屏为例,其应用在昆明—安宁高速公路工程,竣工验收降噪效果为8~10dB。黄河特大桥穿越保护区路段采用高度1.8m(该种声屏障高度以0.6m倍数计算)的较低声屏障,工程北岸接线K3+500~K6+000、K7+800~K9+400之间路段靠近保护区边缘一侧设置高2.4m的遮光声屏障。该方案能够解决夜间行车灯光的问题,对公路两侧近距离范围内降噪效果相对明显。

(4)低噪声路面。国内已经有部分公路工程采用了低噪声路面,以北京市光明桥至劲松桥二三环联络线为例,该段公路铺设了低噪声路面,经过实测表明,低噪声路面可将交通噪声源降低 3~5dB,降噪效果比较明显。

综合比选综合以上四个方案的防护效果、景观影响和可操作性等因素,并结合工程线位距离保护区内有鸟类聚集地区较近的路段,工程采用以下综合防治措施:在 K3+500~K6+000、K7+800~K9+400 和 K12+500~K15+100 路段统一铺设低噪声路面。对穿越保护区路段的桥梁(K12+500~K14+500)两侧设置具有遮光效果的声屏障,在桥梁上设置声屏障时应与桥梁设计部门充分协调,不宜设置过高,避免影响桥梁结构的稳定性和破坏桥梁的总体美化效果。北岸接线 K3+500~K6+000 和 K7+800~K9+400 距离保护区较近的路段,靠近保护区边缘一侧设置高 2.4m 的遮光声屏障。对在保护区路段近岸的高滩地段(K14+500~K15+100)植树绿化形成降噪防护林,林带宽度为 100m。综合考虑声屏障的色彩、材质等方面要与周围景观及生态环境的协调性。

三、公路对两栖动物类自然保护区影响

以某高速公路工程为例,记述公路对两栖动物类自然保护区的影响。该工程涉及西峡大鲵自然保护区。

1. 大鲵自然保护区主管部门审批

建设单位委托专业水产科学研究机构编制完成了某高速公路工程对西峡大鲵自然保护区环境影响专题报告,河南省相关主管部门组织评审委员会对环境影响专题报告进行了评审,根据审查意见,河南省相关主管部门以文件形式同意工程建设。

2. 大鲵自然保护区概况

地理位置及范围:西峡大鲵自然保护区位于伏牛山西南部,地理坐标东经 111°01′~111°46′,北纬 33°23′~33°48′。辖管桑坪、石界河、军马河、二郎坪、太平镇 5 个乡镇,面积 1044km^2。保护区位于伏牛山世界地质公园核心区,南临中国西峡恐龙遗迹园,东连世界生物圈组织成员内乡宝天曼,北接栾川龙峪湾国家森林公园,西靠卢氏玉皇山国家森林公园。

西峡大鲵自然保护区,由河南省人民政府于 1982 年 6 月 3 日批准[河南省人民政府(批复)豫政字〔1982〕126 号]。

保护区内主要保护对象是大鲵,也保护其赖以生存的水域生态和陆生生态系统。

大鲵属国家二级保护动物,俗称"娃娃鱼",是 3.5 亿年前与恐龙同时代生存并延续

下来的珍稀物种,属于鱼类和爬行动物之间的过渡动物类型,是珍贵的"活化石"。过去由于人为捕杀、生态环境恶化等原因,大鲵濒临灭绝,被列入《濒危野生动植物种国际贸易公约》附录。

大鲵是现今体型最大的两栖动物,成体一般可达 0.5m 以上,最大可达 2m 以上。体表裸露,皮肤光滑而有弹性,体色变异较大,一般为棕褐色,也有暗黑、红棕、土黄、浅褐、金黄等色,背腹面布满不规则褐色或深褐色斑点。体扁平,头呈半圆形,躯干部粗壮,四肢短粗。犁骨齿发达,为大鲵主要的捕食工具。成体不具鳃,肺呼吸。

大鲵喜阴,常匿居在石灰岩广布、水质清澈、多砂石的深潭、水量充沛的深山溪流、岩穴、泉洞及水沟中。成鲵穴居,多栖息在海拔 200～1200m 的水流较急而清凉的溪河中,昼伏夜出。属变温动物,体温能变得同周围环境的温度差不多,当水温下降到 10℃ 以下时,大鲵活动就逐渐减弱,进入冬眠状态,到次年 3 月上旬开始活动摄食。夏天水温 28℃ 以上就会影响生长和正常活动,有时还伴有"夏眠"现象。幼群居,具外鳃,喜栖息在溪流支流的小水潭内。最适宜生长的水温为 16～23℃,当水温低于 14℃ 或高于 33℃ 时,摄食减少,行动迟钝,生长缓慢。最适水中溶解氧为 5mg/L 以上,体型较大的个体生活于深水,中小型个体生活在浅水中,在水中,皮肤是它气体交换的重要器官,它也常需将头部伸出水面进行呼吸。

性成熟年龄须达 5 龄以上,繁殖期为每年的 5—10 月。在繁殖季节,大鲵常发出类似娃娃的叫声,所以也有了人们常说的"娃娃鱼"的俗称。产卵前,雄鲵先选择产卵场所,一般在水深 1m 左右有泥沙质底的溪河洞穴处,雄鲵用足、尾及头部将产房打扫干净后,雌鲵才住进去。产卵多在夜间进行,雌鲵一次可产卵 400～1500 枚,卵乳黄色,直径 5～8mm,形成长达数米的念珠状卵带,漂浮在水中。雄鲵随即排精,在水中完成受精过程。雌鲵随即离开,雄鲵则留在洞穴中看护,孵卵期间,雄鲵在卵周围洄游爬动,还常把身体弯成半圆形将卵围住,以防敌害或卵被水冲走。在水温 14～20℃ 的条件下,从受精卵至胚胎脱膜而出,需要 38～40 天。刚孵化的大鲵幼体体长为 28～31mm,在幼体的腹面有一长葫芦状的黄色卵黄囊,此时幼体口未开,不能进食。从孵化到卵黄囊消失需 28 天左右。卵黄囊消失后,幼体可独立生活,其全身为棕黑色,尾部已宽大有力,有较强的游泳能力,但鲜艳的外鳃仍显露头两侧,经过 3 年幼体的外鳃消失,在此期间先后长出前肢和后肢,形成幼鲵,即完成变态过程。成体的尾部不消失,变得强壮有力,成体基本上生活在水中。大鲵是现今体型最大的两栖动物,成体一般可达 0.5m 以上,最大可达 2m 以上。

3. 穿越大鲵自然保护区路段的环境现状

工程经过保护区处属于中低山区,海拔在500~1500m之间,沟壑纵横,植被主要分布灌木林和乔木林植被,森林覆盖率达38.7%,为大鲵适宜生活区域。工程穿越的主要水域为珠宝沟河及其他溪流。珠宝沟河是灌河的南岸支流,主河长约6.9km,主要分支大竹园河在珠宝村附近汇合,其长约4.5km。其他还有宽平沟、磨沟等小溪。工程所在河段水质分析结果显示,各主要水质指标符合《渔业水质标准》(GB 11607)的要求,可以满足大鲵等水生生物的生长、繁殖的需要。

4. 穿越大鲵自然保护区路段工程量

工程穿越西峡大鲵自然保护区,穿越工程桩号为K135+300~K140+350,穿越里程5.05km。高速公路穿越保护区的桑坪镇,穿越保护区的路段为珠宝沟隧道、南庄大桥、宽坪Ⅰ号隧道、宽坪Ⅱ号隧道,后坪大桥、后坪隧道、赛岭壕中桥、赛岭隧道,其中隧道长2800m,桥涵及其他路段2250m。

5. 工程线位避让自然保护区的可行性

西峡县境内沪陕高速公路以北整个区域几乎均属于大鲵自然保护区范围,占整个西峡县面积的3/5,由于高速公路属于河南省公路网工程,西峡县西侧为陕西省,由于地理条件的限制,工程不可避免将穿越自然保护区,线路向西调整,将进入陕西境内。由于区域公路网规划、自然保护区规划、地形地貌和社会环境决定工程难以避让大鲵自然保护区。

6. 工程建设对大鲵自然保护区的影响

(1)对大鲵自然保护区完整性的影响。按照工程推荐方案,工程建设穿越了西峡县大鲵省级自然保护区的桑坪镇,穿越保护区的路段为珠宝沟隧道、南庄大桥、宽坪Ⅰ号隧道、宽坪Ⅱ号隧道后坪大桥、后坪隧道、赛岭壕中桥、赛岭隧道。里程桩号为K135+300~K140+350,长度约5.05km,其中隧道长2800m,桥涵及其他路段2250m,永久占用保护区面积0.11km^2,占西峡县大鲵自然保护区总面积的0.01%,穿越保护区边缘地带,对保护区分割作用较小,对保护区完整性影响较小。

(2)对大鲵自然保护区生态功能的影响。该工程穿越保护区路段除隧道外的其他路段长2250m,将永久占用保护区面积0.11km^2,占西峡县大鲵自然保护区的0.01%。工程建设开山及隧道施工的废弃土石方将占用保护区的河谷地段。按工程每千米平均弃土石方 8.26 万 m³、平均铺设厚度 1m 计算,将占用保护区面积约 0.42km²,占西峡县大鲵自然保护区的 0.04%。如此,将使该部分保护区的生态功能发生改变,改变方向不可预测。工程施工期内施工道路将占用保护区一定面积,主要有珠宝沟 6.9km、宽坪沟 1.3km、竹园沟 4.5km,占用面积约 0.013 km²;该路段需取土约 16585m³,施工取土将对保护区的生态功能产生较大破坏;该路段工程施工将从灌河、峡河取沙石,对保护区将产生不利影响;施工现场、施工营地、工程施工车辆等产生的废气、污水、垃圾、噪声等,对周围环境将产生不利影响,影响区域主要是保护区桑坪镇部分区域、灌河沿线,影响面积约 51.0km²,占保护区总面积的 4.9%。运营期运输车辆的行驶将产生噪声,对周围环境将产生不利影响,影响范围主要是工程经过保护区路段及其两边 200m 内;排放少量污水,对保护区桑坪镇可能会有一定影响,但对保护区的总体生态功能影响微小。

(3) 对主要保护对象的影响。该工程永久占用占压保护区面积 0.11km²,取弃土石方等占用保护区面积约 0.43km²。该工程施工,引发这一区域大鲵生存的生态功能丧失。因此,在施工前应对作业区附近水域进行详细调查,尽可能将发现的大鲵迁出。

噪声污染在施工期主要来自施工及材料运输中的各种施工设备和运输车辆作业。虽然鱼类的声感觉器官进化程度较低,只有内耳,但已有许多材料证实鱼类具备声感觉能力。根据常剑波等对中华鲟进行噪声试验的初步结果,中华鲟在从安静环境进入噪声环境时有更强的回避倾向,而当其较长时间处于噪声环境时,对噪声反应的敏感性下降。中华鲟对短促突然爆破噪声(频率 500~5500Hz,声强 36~72dB)则表现出较明显的回避反应。一般工程机械作业时的噪声都在 80dB 以上,施工噪声将对施工区鱼类产生惊吓效果。不过,只要环境噪声声强不超过一定的阈值范围,则其不会对鱼类造成明显的伤害或导致其死亡。但在噪声刺激下,一些个体行为紊乱,从而妨碍其正常索饵、洄游的现象将不可避免。如果噪声处于产卵场附近,或在繁殖期产生,则会对其繁殖活动产生一定影响。工程的桥墩施工选择了噪声低的钻孔桩,没有采用噪声高的打入桩,将大大减轻桥墩施工中的震动和噪声,大大减轻噪声对鱼类的影响程度。

施工期间的生活污水和生产废水主要含悬浮物、有机污染物和氨氮等,如果流入溪流中,对溪流水质将产生一定影响。如流入灌河主河道中,由于河水流速较大,污水被迅速稀释、扩散,不会形成污染带,对大鲵及其他鱼类的生存无明显影响。桥梁施工机械可能产生的跑、冒、滴、漏一旦落入水中,便可能对水质产生一定影响,因此,需要采取一定的防护措施,对施工人员进行严格的管理。

施工作业产生的噪声、废水等因素,会使大鲵及鱼类发生行为变化,如洄游,使其不能达产卵场;有些个体或种类会产生生理反应,如受高声强噪声、水质变化因素刺激产生的应激反应等,对性腺发育不利,或不能产卵,导致产卵行为紊乱,而对繁殖效果产生负面影响,造成大鲵及其他经济鱼类自然增殖量减少。影响区域主要是保护区桑坪镇部分区域、灌河沿线,影响面积约 $51.0 km^2$。

在工程施工时,将使原地表植被、地面组成物质以及地形地貌受到破坏或扰动,地表裸露,失去原有的防冲、固土能力,当暴雨来临时,可能发生冲刷、垮塌现象。流失的弃渣和泥土将进入保护区河段,在一定程度上侵占保护区边缘河道和增大河水中泥沙含量,对大鲵及其他鱼类造成影响。另外在工程施工期,大量施工人员集中在河段两岸,施工人员业余时间炸鱼、电鱼的非法活动,以及施工期间大量人员集中的城市化现象会增加对当地鱼产品的需求,从而导致该河段大鲵及鱼类资源的急剧消耗。因此,必须加强管理,避免保护区内珍稀特有鱼类的滥捕现象,避免使保护区的鱼类资源受到严重的人为影响。

工程运营中存在运输危险品车辆在保护区路段发生事故导致危险品泄漏产生的环境风险。当然危险品泄漏发生概率小,但是一旦发生泄漏,由于其突发性、不可预见性,故造成的环境破坏可能极其严重。对于此类突发性污染事故,应从防范和应急两方面采取措施,降低其影响。

7. 环境保护措施

为防止危险品运输车辆交通事故对水质造成的严重污染,在桥梁设计中,应加强防撞栏的设计。为防止杂物弃入河流,跨河桥梁两侧应设置防护网。在通过保护区的路段设置监控点,以加快对突发风险事故的应急反应处理速度。在确保安全和技术可行的前提下,应在自然保护区内跨河桥梁上设置桥面径流水收集系统,并在桥梁两侧设置沉淀池,对发生污染事故后的桥面径流进行收集处理,确保水质安全。在工程设计中,增加在保护区路段设置警示标牌,包括禁鸣、禁停、减速慢行等。工程建设前,建设单位应当事先征询保护区行政主管部门的同意,并接受其监督施工。建设工程对保护区生态影响补偿的基本费用主要包括占地生态补偿费、因工程建设保护区内增设的生态保护工程工程投资及运行费用,具体补偿和经费数额由建设单位和保护区管理部门协商确定。

施工前应开展大鲵资源调查。由于大鲵穴居,昼伏夜出,工程取弃土石方时,大鲵难以躲避逃出。因此,在施工前应对作业区附近水域进行详细调查,尽可能使发现的大鲵迁出。禁止在灌河内采砂。施工期,应在各主要出入口设置警示标牌,警示内容主要是宣传保护野生动物,以及禁鸣、减速慢行等。

在工程的建设和运营期,施工方应与保护区管理部门保持密切联系,保护区管理部门应指导施工方施工过程中如何对水生生物进行保护,接受主管部门对工程施工行为的监督和管理。施工过程中若发现大鲵,或发生直接伤害大鲵及其他水生动物的事件,施工方应暂时采取措施保护现场和大鲵,并及时向西峡大鲵自然保护区管理委员会报告,以便采取有效措施,对发现或受伤的大鲵进行救治救护。

施工场地和施工营地的生活垃圾不得随意排入水体,生活垃圾集中堆放,由施工车辆送到城市垃圾场处理。施工用料的堆放应远离水体,应在材料堆放场四周挖明沟、沉沙井、设挡墙等,防止被暴雨径流进入水体,影响水质,各类材料应备有防雨遮雨设施。禁止将污水、垃圾及施工机械的废油等污染物抛入水体,严禁乱撒乱抛废弃物,从而最大限度地减少对灌河水质造成的影响。施工过程应尽可能避开大鲵及鱼类繁殖期,避免对水生生境的直接影响。应对施工人员做必要的生态环境保护宣传教育,合理组织施工程序和施工机械,严格按照施工规范进行排水设计和施工。工程完工后,应做好生态环境的恢复工作,以尽量减少植被破坏、水土流失对水生生境的影响。

运营期事故风险防范措施,首先禁止危险品运输车辆驶入;其次从工程、管理等多方面落实预防手段,以降低该类事故的发生率;应制定应急方案,安装防撞栏和防护网,配备应急设备,避免泄漏有毒有害物质的装置进入水体,以便在事故发生的第一时间进行处理,把事故发生后对环境的危害降至最低。在进出保护区范围的地段设置提示标志和禁止鸣笛标志。加强运营期的安全管理,防止意外事故发生。

工程建设将抛弃大量土石方,由于山区可供选择堆放的场地有限,堆放时,弃渣场地应做好坡脚挡墙防护,以防止洪水冲走弃渣,形成人为泥石流。并在弃渣顶覆盖土层,植树造林。慎重选择取土地块,防止形成泥石流、滑坡。选择取土地方时,应经过保护部门同意。取土后,及时清理、绿化、修复自然环境。

根据该工程实际情况,对大鲵实施人工增殖放流,此后根据监测情况作适当调整。放流活动在保护区上级管理机构的监督与指导下进行。大鲵放流任务从工程竣工后3年内完成。大鲵的适宜增殖放流密度为1000尾/km^2(河南省水生生物资源增殖放流规划),放流水域面积按工程评价范围1km^2计算,共放流1000尾。落实工程对西峡大鲵自然保护区环境影响专题报告提出的生态补偿经费使用预算。生态补偿经费具体事宜由工程建设单位与水产种质资源保护区管理单位协商,并签订合同协议。为切实保障具体方案的有效实施和切实执行,工程建设单位应与保护区管理局共同组建协调小组,应根据保护的实际需要分配保护经费,并结合保护区实施计划开展相应的科学研究。

为及时发现因工程建设而引起的水生生物生态环境变化及发展趋势,掌握工程建设前后相关地区水生生物生态环境变化的时空规律,预测不良趋势并及时发布警报,应开展水生生物多样性监测。

四、公路对自然遗迹类型自然保护区的影响

以某高速公路工程为例论述公路对自然遗迹类型自然保护区的影响。该工程涉及河南南阳恐龙蛋化石群国家级自然保护区。

1. 工程与自然保护区线位关系

工程穿越自然保护区的实验区(核桃树—丁河实验区),穿越工程桩号范围为K162+700~K164+200,穿越里程1.5km。距离最近缓冲区边界约11km,核心区边界约20km。国土资源部(现自然资源部)以文件形式同意工程穿越恐龙蛋化石群自然保护区。

2. 自然保护区概况

2000年12月30日,河南省人民政府以文件形式将其列为省级自然保护区;2003年6月6日,国务院以文件形式将其列为国家级自然保护区。该自然保护区位于河南省西南部南阳市管辖的西峡县、内乡县、淅川县及镇平县境内的西峡、夏馆—高丘、淅川等盆地范围内。地理坐标为:东经111°01′16″~112°14′03″,北纬32°53′30″~33°30′19″。总面积为78015亩,核心区面积13203亩,占总面积的16.92%;缓冲区面积34044亩,占总面积的43.64%;实验区面积30768亩;占总面积的39.44%。根据河南南阳恐龙蛋化石群国家级自然保护区总体规划,保护区规划为3个核心保护区、7个缓冲保护区、3个实验保护区。

该保护区管辖的范围为西峡县的丹水镇中北部、阳城南部、回车镇中部、日关乡北部、五里桥乡中部、丁河镇中部、重阳乡中部、西坪镇中部,内乡县的赤眉镇西部、赵店乡中部、夏馆镇南部、七里坪乡中南部、马山口镇中南部,镇平县的高丘镇北部、四山乡和二龙乡南部、石佛寺镇和城关镇北部,淅川县的滔河乡中北部大部、盛湾镇北部、老城镇中南部、大石桥乡东南角及西北部。

自然保护区内的主要保护对象是多种多样的恐龙蛋化石、恐龙化石、恐龙骨骼化石、恐龙脚印化石以及与之密切相关的沉积构造特征标志、古气候特征标志、地层剖面及其他共生化石。

核桃树—丁河实验区概况:工程K162+700~K164+200穿越该实验区,穿越里程1.5km。该实验区位于西峡盆地西部及中部偏南的区域,涉及西峡的西坪、重阳、丁河及

五里桥4个乡镇,面积14385亩。已知的恐龙蛋化石分布点较稀少,但西坪核桃树应作为特别保护点加以保护,这里异地埋藏和准原地埋藏的恐龙蛋化石较丰富、沉积现象特征明显;在重阳、云台等地不但有恐龙蛋化石分布,而且有壮观的冲积扇沉积保存。在丁河境内发现有琥珀。

南阳恐龙蛋化石群,是我国乃至全球罕见的古生物遗迹,属于一类非常珍稀的古蛋类化石。根据已有研究成果统计,恐龙蛋化石的主要类型包括8科12属25种。以西峡盆地为代表的豫西南恐龙蛋化石密集分布区,恐龙蛋化石分布之广、数量之大、类型之多样、保存之完美,堪称世界之最,是世界上罕见的古生物奇观和自然历史宝库的珍品。其中,世界上独有的西峡长圆柱蛋和稀有特殊的隔壁棱柱形蛋更为珍贵,其高度的典型性、稀有性、代表性、系统完整性及良好的原始保存状态,以及极高的全球性对比价值,早已引起世人的密切关注。其明显的优势和突出的特色、重大的国际影响和极高的科学价值,早已享誉中国及世界。根据近30年系统地研究,恐龙蛋化石群的基本特征,大致可归纳如下。

(1)恐龙蛋化石群的分布、密度:恐龙蛋化石主要分布于西峡盆地、夏馆—高丘盆地、五里川盆地及淅川盆地(涛河)盆地。其中,西峡盆地最为丰富,类型多,数量多;原始状态保存好,成为窝性强。根据沉积环境分析和岩相古地理特征,恐龙蛋化石的产出基本上与洪泛平原、冲车站等环境有着密切的关系。恐龙化石群一般广布在洪泛平原之上,在冲积扇的下部亦是恐龙蛋化石的分布区域。周期性的洪泛事件和多期沉积形成多层沉积体,沉积环境的基本稳定给恐龙下蛋提供较好的场所。重复的洪泛事件和冲洪积演变过程,便形成了多层恐龙蛋化石重叠产出的特征。据目前已有的资料和野外初步统计,西峡盆地恐龙蛋分布集中区,其密度一般在2~4个/m^{2}之间;而淅川、夏馆—高丘盆地为次,一般在1个/m^2;五里川盆地则不足1个/m^2。

(2)恐龙蛋化石的埋藏形式。

①原地埋藏形式。当恐龙产卵时,地形较为平坦,环境相对安全稳定,产卵后,蛋未经搬运或基本未经搬运,立即被后来的沉积物迅速掩盖,形成蛋化石后,亦基本未受到后期构造变动的影响,此类恐龙蛋成窝保存,集中分布,有的蛋化石形态完整,蛋窝排列规则,有特定的规律性;在西峡丹水三里店、阳城任沟、阳城樊营、内乡庙山、磨石沟等地均有分布。

②异地埋藏形式。在洪冲积扇相的泥石流沉积、河流相滞留或河道沉积中,由于水动力条件较强,环境动荡,当恐龙在稳定环境中产卵受到河流变迁的水流冲刷、搬运和破坏,使恐龙蛋破坏成碎片或不完整的单个蛋,经搬运而沉积在不同粒级的砂砾岩、砾岩、含

砾粗砂砾岩中。此类蛋化石不完整,多见碎片,不成窝且多呈零散分布。蛋间距一般较大,为 0.2～1m 或更大,有时冲刷作用强烈,而形成由小碎蛋壳片密集分布的小薄层,在西峡西坪、任沟、内乡王堂、七里坪、靳河,淅川老城等地均可见此类型埋藏形式的出现。

③准原地埋藏模式。此类介于前两类之间,蛋化石埋藏后,既受到了较短距离的搬运,又不至于对蛋化石产生严重损坏,蛋有少数完整的,且部分集中分布,部分散布在岩层中,可见一些碎蛋片,显然其沉积环境的动荡程度介于上述两类之间,见于五里川盆地的黄沙、老灌河的南岸以及西峡盆地的西坪薛家湾一带,岩性大都为砂岩或含砂砾岩。

3. 工程线位避让自然保护区的可行性

西峡县境内的河南南阳恐龙蛋化石群国家级自然保护区大致东西带状走向,长约 50km,西部边界为河南省和陕西省省界,而工程路线走向为南北走向,由于自然保护区规划和路网规划因素限制,公路不可避免将与自然保护区交叉通过,目前交叉点距离西峡县境内自然保护区边界约 40km。由于区域公路网规划、自然保护区规划和社会环境决定工程难以避让河南南阳恐龙蛋化石群国家级自然保护区。

4. 自然保护区路段工程量及环境现状

工程 K162+700～K164+200 穿越河南南阳恐龙蛋化石群国家级自然保护区的核桃树—丁河实验区,穿越里程 1.5km。自然保护区路段主要工程由填挖路基、隧道工程组成,其中:挖方路段长 600m,填方路段长 800m;隧道 1 座,长 100m;机耕通道 1 道;涵洞 3 道。该路段永久占地面积 78.7 亩,挖方量 11.3 万 m^3,填方 17.6 万 m^3,见表 9-8。

工程穿越自然保护区路段的工程量表　　　　表 9-8

工程工程	内容	数量	备注
工程里程、占地	路段里程	1.5km	K162+700～K164+200
	永久占地	78.7 亩	
路基工程	挖填路段		K162+700～K164+200
	挖方	11.3 万 m^3	路段长 600m
	填方	17.6 万 m^3	路段长 800m
隧道	核桃树隧道	100m/1 座	K162+818～K162+918
	隧道弃渣量	6.6 万 m^3	
通道	机耕通道	1 道	K162+773
涵洞	排水涵洞	3 道	

穿越自然保护区路段属于丘陵农业耕作区，已大量开垦为耕地，沿线附近分布有核桃树、薛家湾等村庄。

5. 工程建设对自然保护区影响

依据公路穿越河南南阳恐龙蛋化石群国家级自然保护区的工程情况，占压自然保护区面积78.7亩，占自然保护区总面积的0.1%。由于古生物遗迹类型的自然保护区与自然生态系统类、野生生物类的自然保护区有很大区别，像恐龙蛋化石这种保存在地下岩层内表面看不见的遗迹，科学上的未知数太多，很难估算出工程永久性占地对恐龙蛋化石等保护对象的压覆种类和数量。

尽管工程线路的选线有约1.5km穿过自然保护区的核桃树—丁河实验区，该实验区内恐龙蛋化石分布点较稀少，但西坪核桃树区域异地埋藏和准原地埋藏的恐龙蛋化石较丰富、沉积现象特征且明显。这里的生态系统和生存环境已经保存了7000多万年，早已固定、石化，加上这里的恐龙蛋化石又深埋于地下，当前的空气、水、噪声等对其没有太大的影响，不会影响其生态系统和生存环境。由于路线穿越实验区较短，且压覆的岩层段是有限的，加之G312国道、沪陕高速公路、宁西铁路均穿过该自然保护区，该区段恐龙蛋化石稀少，有些层中可能本来就没有恐龙蛋化石（如已经完工的2002年的老公路G312国道西峡段的扩建拓宽工程和2007年完工的沪陕高速公路内乡至西坪段，自然保护区管理处进行了现场监管，在施工过程中发现恐龙蛋化石主要分布在自然保护区核心区和缓冲区，涉及自然保护区核桃树—丁河实验区的工程附近区域较少），由此推测，工程约1.5km的线性"穿越"对保护区的影响不严重。但施工前应积极开挖"抢救性保护探槽"，施工过程中，对临时占地等实施"现场监控"，对发现的恐龙蛋化石，按其科学价值，或现场保护，或安全移走，尽量减少高速公路压覆恐龙蛋化石的数量，将其影响降至最低。

施工期的工程活动强烈而集中，工程主要是隧道施工、路基的挖掘施工等施工对恐龙蛋化石群保护区及其保护对象的影响等。从保护自然保护区恐龙蛋化石的角度考虑，由于施工场区较大；除了施工前的"抢救性保护探槽"的开挖外，重要的是加强施工过程中的现场监理、监控，遇到成窝性好的恐龙蛋化石群，可以妥善、科学地移走。保护工作实施前，应对在保护区内路段沿线的恐龙蛋化石分布状况进一步勘察汇总，根据不同情况划分出不同的保护层次，做一个详细的保护工作实施方案和工作流程图。积极稳妥地开展施工前的"抢救性保护探槽"开挖的"试挖监控点"工作。

对于工程建设中的"临时占地""隧道工程"等大型施工区，自然资源行政管理部门或自然保护区管理单位应在施工过程中加强现场监理、监控,遇到成窝性好的恐龙蛋化石群,应现场原地加以就地保护,其施工区相应适当移位;遇到零散的恐龙蛋化石,可以妥善、科学地移走。尽量减少对自然保护区的影响和对恐龙蛋化石的损坏,将对其影响降至最低。

6. 穿越实验区路段保护方案

工程穿越恐龙蛋化石保护区的核桃树—丁河实验区1.5km,约占全线路长的1.7%,压占自然保护区的比例较小,仅涉及西峡县的西坪镇。

工程建设和运营维护过程中,对保护区内恐龙蛋化石的总体保护原则是:尽量减少对自然保护区的影响和对恐龙蛋化石的损坏,将其影响降至最低;积极稳妥地开展施工前的"抢救性保护探槽"开挖的"试挖监控点"工作;对路基、隧道、临时施工便道等占地面积较大的施工区,应加强现场的监理和监控;工程施工要密切结合自然保护区的建设规划,应特别注意地质遗迹的原地保护和利用;施工前和施工过程中,发现的恐龙蛋化石,必须移走,要加以科学、妥善的处理。重点监理、监控的地段为工程 K162 + 700 ~ K164 + 200 地段。

在施工和开挖的过程中,均应由自然资源行政管理部门或自然保护区管理单位实施现场监理、监控,防止穿越或开挖土石方时对地下的恐龙蛋化石或骨骼化石造成破坏。同时,在施工路段每300m选择一个开工前的"抢救性保护探槽"开挖的"试挖监控点",至少开挖5个,探槽基本垂直于高速公路线。由自然资源行政管理部门或自然保护区管理单位在开工前与高速公路施工管理部门协商实施。

在施工、开挖的过程中,应由自然资源行政管理部门或自然保护区管理单位实施现场监控,防止穿越或开挖土石方时对地下的恐龙蛋化石或骨骼化石造成破坏。

在施工前的"抢救性保护探槽"开挖及公路施工过程中,遇到恐龙蛋及其他化石时,应现场记录、照相、录像后,将恐龙蛋化石采挖出来,安全、妥善地移置于博物馆或其他安全的地方,防止恐龙蛋化石损失,发现大面积化石应将情况及时函告自然资源部。

核桃树隧道 K162 + 818 ~ K162 + 918 和深挖路段属大型施工工程,由于占地面积较大,对于施工时的现场监理、监控应给予特别重视。大型施工区施工过程中,应与国家级自然保护区的建设规划和南阳伏牛山世界地质公园规划密切结合、统筹兼顾,应特别注意地质遗迹的原地保护和利用,就地建设,使之成为高速公路沿线的景观点。

7. 环境保护措施

(1)保护工作实施组织。在工程施工过程中,对恐龙蛋化石群的影响也可以将影响降至最低,关键是在有了具体的保护措施和方案后,如何对保护工作进行有效的组织和切实可行的科学实施。保护工作的实施组织,可由南阳市自然资源局牵头、领导组建保护工作实施机构,参加单位可由相关的县局及科研单位等组成,下设现场勘测、技术规划、施工组织、施工监理等分支部门。

(2)保护工作实施的技术支撑。保护工作实施前,应进一步勘察汇总整个高速公路施工线路区段 K162+700~K164+200 沿线的恐龙蛋化石分布状况,根据不同情况,划分出不同的保护层次,做出详细的保护工作实施方案和工作流程图。

(3)对恐龙蛋化石抢救性保护工作的内容,主要有以下几个方面:尽量减少高速公路压覆恐龙蛋化石的数量;尽量减少高速公路两侧挖方对恐龙蛋化石的损坏;施工前,制定出抢救性保护工作的实施方案和规划;勘测确定"抢救性保护探槽"。加强对大型施工区的现场监理、监控,并与国家级保护区的建设规划密切结合、统筹兼顾;应特别注意地质遗迹的原地保护和利用。

关于保护工作费用,由建设单位与自然保护区管理部门具体协商,并签订正式协议书,由主管部门监督实施,费用要能够保障保护工作顺利开展。

工程在建设前期,建设单位要与自然保护区主管部门充分协商施工保护方案和保护自然保护区措施,降低工程建设对自然保护区的影响。在建设过程中,按照《中华人民共和国自然保护区条例》《古生物化石管理办法》等有关管理规定加强施工管理和生态保护措施,接受自然保护区主管部门监督和指导工作,以减轻工程建设对自然保护区的影响。

严禁在自然保护区内进行挖沙、取土、采石等活动。

第二节　公路对风景名胜区的影响

以某高速公路工程为例,论述其对风景名胜区的影响。该工程涉及恒山风景名胜区。

1. 恒山风景名胜区概况

恒山风景名胜区是恒山山脉之一,位于浑源县城南 10km 处,距大同市 62km,主峰天峰岭,海拔 2017m,西为翠平山,东西双峰对峙,浑水中流。

《恒山风景名胜区总体规划》界线以乡镇界、村界、河流、沟谷、山脊、道路等明显标志物为准。规划面积为173.37km²,核心景区范围由主峰天峰岭景区、悬空寺景区以及中间省道部分共同组成,总面积16.83km²;风景区外围保护地带面积为541.59km²,其中龙山自然保护区面积66.87km²。恒山风景名胜区内各个分景区的布局较分散,诸多子景区相对独立,不具有连贯性,因此,总体规划在景区范围的划分上根据各个子景区的地域位置关系分片划分,共划分为8个片区,见表9-9。

规划范围面积表(单位:km²)   表9-9

编　　号	分景区名称	分景区面积	片 区 面 积
片区一	主峰天峰岭景区	9.72	46.47
	悬空寺景区	6.74	
	落子洼景区	5.47	
片区二	天赐山景区	1.92	32.17
	龙盆峪景区	4.98	
	大川岭景区	5.05	
片区三	上桦岭景区	13.38	35.04
	千佛岭景区	4.6	
	刁王沟景区	2.61	
片区四	西河口景区	2.83	11.44
片区五	王庄堡—汤头疗养区	9.38	9.38
片区六	凌云口景区	16.29	16.29
片区七	五峰山景区	6.89	11.17
片区八	神溪湿地景区	4.5	11.41

恒山风景名胜区属温带半干旱大陆性气候,四季分明,冬季寒冷,春季干旱多风,夏季雨量集中,秋季短暂晴朗。早晚温差大,古诗人有"雁门关外雁人家,早穿皮袄午穿纱"的诗句。恒山地区年平均温度为6.1℃,1月最冷,平均-12℃;7月最热,平均21.6℃。极端最高温为35.9℃,极端最低温为-37.3℃。

恒山风景名胜区地处黄土高原的边缘地带,黄土丘陵侵蚀特征,梁、峁、坪地貌广为发育,浑河以北广大黄土丘陵地区呈现了沟壑纵横、支离破碎独特的黄土地貌景观。恒山山脉贯穿东南山区,具有山峦重叠、峻岭峡谷的特征。丘陵与山地夹有狭长地带,为簸箕状敞口盆地,属大同盆地一部分。恒山岩层为古老的寒武纪奥陶系石灰岩,距今有5

亿年。由于构造运动强烈,大面积基岩裸露,风化破碎严重,峰峦均呈尖形,沟谷切割较深。北坡为断层地质构造,拔地笔立于河谷之上,相对高差达1000m以上。

2. 恒山生态环境现状

公路在 AK56+050～AK93+500 段穿越恒山风景名胜区,主要为自然植被,本区植被水平分布的纬向变化属暖温带落叶阔叶林带。山地植被垂直地带变化是:海拔1800m以上是山地寒温针叶林带,华北落叶松是本带的建种群。海拔1800m以下为山地暖温带落叶阔叶林带,油松、榆、旱柳、杨树、杜梨、榛、沙棘、山杏、胡枝子、绣线菊等普遍出现,而且许多种作为群落的建群种。由于人工的反复破坏,上述地带性植被除山顶尚分布有片、块状天然华北落叶松群落和华北落叶松与青检、白检混交群落外,目前多为自然植被破坏后而形成的以白桦、山杨占优势的次生阔叶林、灌丛以及灌草丛。黄土高原丘陵地区,自然植被破坏殆尽,水土流失严重,主要是以沙棘、荆条、黄背草和菊蒿属植物为建群种的次生灌草丛和草坡以及人工杨、柳、刺槐疏林。

3. 工程对恒山风景名胜区的影响

根据工程设计方案,路线 AK56+050～AK93+500 段从恒山风景名胜区通过,路线从王庄堡附近进入恒山风景名胜区,经中庄铺至小道沟附近以隧道穿过抢风岭,到青磁窑,在大磁窑下盘铺村附近向西北方向以隧道穿过翠屏山,在郭家庄附近出恒山风景名胜区,线路穿越景区长度为37.45km。《关于荣成至乌海高速公路山西境内灵丘至山阴段涉及恒山风景名胜区选线问题的复函》(建办城函〔2008〕382号文)同意 A_5 方案,同时要求做好施工管理,采取有效措施保护生态资源和环境。

线路在景区内走向基本沿现有的大同—灵丘二级公路布线,共设置有5条隧道,长12460m,占景区内公路总长的33.27%。其中恒山隧道长5110m,大磁窑隧道长700m,抢风岭隧道长5950m,红岩隧道长550m,偏梁隧道长150m。公路在景区内基本是在景区的外围保护地带布线,通过核心景区以隧道形式通过。工程布设了5条隧道方案穿越核心景区,其中 A_5 方案恒山隧道入口在景区的核心区外的外围保护地带,出口在景区核心区外的风景复育区,对景区的影响较小;恒山隧道在恒山水库的西南约1.5km处通过,隧道在汛期洪水水位线10m以上,不会对水库造成影响。

国家重点文物保护单位恒山悬空寺在恒山水库北部下游处,离恒山隧道水平距离约3km,线路在恒山隧道的出口处为悬空寺所在山的背面,根据山西省地震工程勘察研究院关于《恒山隧道施工爆破振动对悬空寺影响预测评估报告》,爆破方式采取延时爆破,最大一段药量32kg,既能保证隧道本身和悬空寺的安全,也符合山西省隧道施工时常采用的药量。因此,恒山隧道的修建对悬空寺没有影响,但是为了保证悬空寺及其周围危岩体稳定性不受影响,施工期对恒山隧道施工采取下列安全保护措施:在隧道正式施工前应对爆破进行专门实验,在施工期间进行必要的爆破振动监测以及时修改爆破施工方案;公路施工前建设部门与文物部门签订保护协议,加强建设过程中的振动监测,定期检查,确保悬空寺安全;加强施工人员管理,提高对悬空寺的保护意识,施工工艺采用弱爆破方式,采用毫秒雷管微差顺序起爆,周边眼同段雷管起爆时差,边爆破边产生临空面,尽可能减少起爆振动威力。

公路建设对景区植被数量将产生影响,但整个生长群落不会发生改变,结构和功能也未发生变化。线路在恒山景区共设置有5条隧道,长度总计12460m。隧道所经地区地表植被不会因公路建设而破坏,仍为原来自然生态。

工程已纳入景区总体规划中,基本沿现有大同—灵丘二级公路布线,对沿线景观环境影响较小,公路建设单位将按照《风景名胜区条例》(中华人民共和国国务院令第474号)及国家建设占用风景名胜区土地的有关规定,进行施工、维护及运营管理,将公路建设对景区产生的破坏降至最低。

4. 环境保护措施

设计阶段保护措施。进一步优化恒山隧道穿越风景区方案,选择植被较少的地方,减少施工作业面对植被的破坏,施工结束后应恢复植被;严格控制施工范围,以最大程度保持风景区原貌,尽量减少破坏原有山体结构,降低水土流失程度;对于隧道弃渣尽量用作路基填料,同时隧道弃渣中的硬质岩石经破碎后,可用于路面材料或混凝土集料,即可减少弃渣量,又节省大量的原材料。

施工阶段保护措施。工程建设主管部门应与景区管理部门保持联系,共同协调,及时处理在景区施工中产生的各种问题;加强对施工人员的环保宣传,提高施工人员对景区保护的认识水平,使施工人员充分认识保护景区的必要性和重要性,使保护措施落到实处,真正起到应有的作用;在景区施工时,必须按照国家和地方景区管理部门有关规定和要求进行施工,在施工过程中加强管理和施工环境监理;建立工程进度报告制度,施工过程中与景区管理部门及地方环保局加强联系,在做好相应防护措施的同时,保证工程环境监理和保护措施的落实;明确标示出景区路段永久占地界线,严格控制施工范围,在满足施工要求的前提下,施工场地要尽量小,以减轻对施工场地周围树木立地土壤、植株和周围生态环境的影响,不得随意侵占其他土地,严禁越界施工;平整施工场地并及时碾压,建立临时沉淀池收集带有泥沙的雨水等,防止施工废水污染周围的土壤。施工场地过程中重点注意雨水排放方式的合理设计,尽量减小水土流失量;车辆运输过程尽量减少扰动原始地面,减少破坏周围地区植物,车辆运输以现有道路为主,不得擅自开辟新的临时便道。禁止将生产和生活垃圾随意丢弃、堆放在景区内,应集中收集定期运出景区妥善处理。

公路景观设计。公路设计不仅要满足公路运输功能的要求,同时要注意保护原有环境景观。在经过恒山风景名胜区时,做到自然景观和人为景观相协调一致。选线精心研究,减少对山体的切削点数、石方量和面积,采用桥隧减少开挖面。对所有的切山点设计恢复景观的措施(包括植被恢复)。在陡峭的山区减少切坡量,采用阶梯形开挖面,种植灌木和攀援植物。对坡度较缓、可以植草的切坡,全部植草绿化。尽量不用水泥砂浆抹护切坡面和锚喷。弃土和弃石以及堆放材料的地方除了要考虑到经济因素和运距外,还要考虑美观因素,施工结束后场地与周边山体形状相协调,并做绿化恢复设计。隧道口的绿化主要是为了掩饰人为景观,给动物以安全的信号,可选用一些藤本植物垂直绿化。

第三节 公路对森林公园的影响

以某高速公路工程为例论述其对森林公园的影响。该工程涉及日月峡国家森林公园。

1. 工程与日月峡国家森林公园位置关系

工程 K54~K97 路段穿越日月峡国家森林公园,其中 K54~K74+200 和 K85+800~K97 段穿越的森林公园外围保护地带,穿越里程 31.4km;K74+200~K85+800 段穿越森林公园的发展控制区(二级保护区),穿越里程 11.6km。工程与森林公园中的以下景区相邻:日月峡景区(K83 路左最近距离 200m)、鸟语林景区(K85 路左最近距离 50m)、透龙山庄景区(K85 路右最近距离 100m)、依吉密河漂流景区(K90 路右最近距离 100m)和映山湖旅游度假区(K92 路右最近距离 500m)。工程是在原有国道基础上建设,工程建设对森林风景资源和生态环境造成的负面影响较小,国家林业局森林公园管理办公室以文件形式同意工程建设。

2. 日月峡国家森林公园概况

森林公园地理位置及级别:日月峡森林公园前身为黑龙江省铁力林业局龙虎日月峡森林养生休闲开发区,2000 年,由国家林业局批复正式定名为"日月峡国家森林公园",

级别属于国家级森林公园。日月峡国家森林公园位于小兴安岭南麓,呼兰河二游,在黑龙江省铁力林业局施业区内,行政区域分别隶属绥化市庆安县、铁力市和伊春市。公园范围以依吉密河、西北河、卫星红旗河、伊通河全程及欧根河21km河段,及沿河流域的80个林班,总29708hm²。

森林公园性质:以森林生态养生为特色,为旅游者提供游览、观赏、知识、乐趣、度假、疗养、娱乐、休息、探险、猎奇、考察研究以及友好往来的文明、优秀的国家森林公园及国际森林养生中心。

植被及野生动物:公园内植物属于长白山植物区系,现存原始森林两处,一处为卫东原始红松母林,一处为日峰针阔混交原始林。原始林相是以红松为主的针阔叶混交林,木本植物共26科53属114种。公园内植被种类分为山区森林植被、漫岗丘陵灌木植被、河谷沼泽杂草植被、平原耕作植被。黑龙江省铁力林业局施业区内现有兽类6目16科45种,其中属国家Ⅰ级保护动物的有紫貂、原麝等,属国家Ⅱ级保护动物的有棕熊、黑熊、黄喉貂、水獭、猞猁、马鹿等;林业局现有鸟类资源17目45科189种,其中属国家Ⅰ级保护的鸟类有丹顶鹤、金雕、玉带海雕等,属国家Ⅱ级保护的鸟类主要有花尾榛鸡、大天鹅、鸳鸯、白琵鹭及猛禽类等。

森林公园内划分了七个景区:日月峡景区、透龙山景区、鸟语林景区、卧龙山景区、依吉密河漂流景区、北关抗联纪念公园景区、卫东原始森林及西线观光道。

森林公园功能分区如下。

(1)风景游赏区:主要包括以上七个景区,占地面积约5026hm²。工程与森林公园风景游赏区中的日月峡风景区相邻。

(2)发展控制区:公园范围内,风景游赏区以外的部分,占地面积约24682 hm²。工程穿越森林公园发展控制区11.6km。

(3)旅游服务区:为游客服务设施集中的地区,包括旅游依托中心(二股林场、建设林场、北关农场、卫东林场、保马农业段、红旗、卫星)、旅游服务中心(凤凰坪游客中心)和旅游服务次中心(红树墩游、透龙山、鸟语林、卧龙山庄、依吉密河漂流客中心)。

(4)外围保护地带:在公园区划范围之外划定的必要的外围保护区,占地面积174526 hm²。工程穿越森林公园外围保护地带31.4km。

森林公园保护区划分及相关保护规定如下。

(1)一级保护区:以原始红松林保护区为主的用地范围,区内有丰富的森林植被景观和极佳的特色生态环境,为核心保护区,应采取绝对保护方式,除少数游览道及必要的管理设施外,不允许进行任何建设活动。一切保持其自然原始的风貌。修筑生态游览道路,禁止机动车辆进入。工程距离森林公园一级保护区约16km。

（2）二级保护区:森林公园发展控制区范围内一级保护区以外的地带。应加强生态林的营造,使公园整体生态环境得到进一步优化。采取严格保护的方式,基本保持其原始状态。工程穿越森林公园二级保护区约11.6km。

（3）三级保护区:公园内以日月峡景区、伊吉密河漂流、水上乐园为主的旅游、休闲、度假及服务区用地范围。在自然环境与自然资源有效保护的前提下,对自然资源进行适度利用。工程建设坚决控制在合理的强度内,尽可能减少对环境的干扰。工程与森林公园三级保护区相邻。

（4）外围保护地带:森林公园以外的林业局施业区,为公园未来发展提供环境保护屏障和伸展空间。外围保护地带内也应控制有碍风景观瞻和资源保护的不良建设行为,不得兴建环境污染超出自然平衡能力的产业;采石挖沙等的选址要严格考证;不得破坏河床造成水土流失;积极开展植树造林。工程穿越森林公园外围保护地带31.4km。

3. 森林公园路段工程量

工程穿越森林公园 K54~K97 路段中扩建31.4km,改建11.6km,其中占压有林地长度3.05km,面积为118.2亩。其中工程主线路基利用旧路(G222)860.12亩,新增占压水田420.41亩、旱地39.75亩、林地1676.25亩(其中有林地118.2亩,无林空地1558.05亩);设18座桥梁,其中大桥2座、中桥5座、小桥11座;涵洞55道;在K79+500处设1处二股服务区(停车区、养护工区);设5座天桥;设7座人行和机耕通道。辅道工程25km,利用旧路202亩、旱地108亩、林地1322亩;中桥1座、小桥1座;涵洞59道。

工可设计中有4处取土场 K65+200、K73+500、K82+200 和 K90+150 处的2处石料场(片石场、石渣场),森林公园内严禁设置临时占地。

K54~K97 路段路基占地、桥梁情况、公路设施情况、天桥情况、通道工程情况分别见表 9-10 ~ 表 9-14。

K54~K97 路段路基占地统计表（单位:亩） 表9-10

类型	水田	旱地	林地	旧路	合计
占地	420.41	39.75	1676.25	860.12	2996.53
辅道工程	—	108	1322	202	1644
合计	420.41	147.75	2998.25	1062.1	4640.53

K54~K97 路段桥梁情况统计表　　　　　　　　　　　　表 9-11

序号	中心桩号	河名及桥名	孔数及孔径（孔/m）	桥梁全长（m）	桥　梁
1	K62+021	新曙光	2/16	65.14	中桥
2	K63+313	—	1/13	20.54	小桥
3	K64+671.5	—	1/8	8.04	小桥
4	K67+927	—	2/6	12.04	小桥
5	K69+220	—	1/6	6.04	小桥
6	K70+320	—	1/6	6.04	小桥
7	K71+613	—	1/6	6.04	小桥
8	ZK75+227	西北河	2/20	85.14	中桥
9	YK76+023	—	3/13	43.14	中桥
10	ZK76+840	—	1/13	20.54	小桥
11	ZK79+760	—	1/6	6.04	小桥
12	YK80+813	西北河	4/20	85.14	中桥
13	ZK81+603	伊吉密河	6/20	125.14	大桥
14	YK82+724	伊吉密河	6/20	125.14	大桥
15	K84+324	—	1/13	20.54	小桥
16	K87+477	—	2/10	27.54	小桥
17	K91+027.5	—	2/10	27.5	小桥
18	K94+234	五道河	3/13	43.14	中桥

K54~K97 路段公路设施情况统计表　　　　　　　　　　表 9-12

序号	沿线设施	桩号	位置	占地类型	占地面积（亩）
1	二股服务区（停车区、养护工区）	K79+500	分离式断面间	旱地	225
2	原二股互通	K81	原规划设互通立交，经优化设计，该路段的分离断面的建设解决高速公路出入日月峡景区的交通流，节约了永久占地并解决了与日月峡景区的协调性问题		

K54~K97 路段天桥情况统计表　　　　　　　　　　　　表 9-13

序号	中心桩号	交叉形式	孔数及孔径	桥梁长（m）	占地面积（亩）	占地类型
1	YK63+370	主线下穿	16+2×20+16	77.1	45	林地
2	K71+400	主线下穿	20+32+20	77.1	27	林地

续上表

序号	中心桩号	交叉形式	孔数及孔径	桥梁长(m)	占地面积(亩)	占地类型
3	ZK77+110	主线下穿	3-20	65.1	—	—
4	K91+180	主线下穿	20+32+20	77.1	27	旱地
5	K93+380	主线下穿	20+32+20	77.1	27	旱地

K54~K97 路段通道工程情况统计表　　　　表 9-14

序号	中心桩号	被交叉道路种类	孔径及跨径(孔/m)	备注
1	YK64+500	人行通道	1/4.0×2.2	—
	ZK64+195	人行通道	1/4.0×2.2	
2	YK79+100	机耕通道	1/4.0×2.7	
3	YK82+700	机耕通道	1/4.0×2.7	
4	YK83+770	人行通道	1/4.0×2.2	
	ZK82+115	人行通道	1/4.0×2.2	
5	K84+480	人行通道	1/4.0×2.2	—
6	K88+980	人行通道	1/4.0×2.2	兼排水
7	K89+890	机耕通道	1/5.0×3.2	兼排水

4. 工程线位避让国家森林公园的可能性

路网规划、地形地貌和日月峡国家森林公园位置范围等客观因素决定了工程难以避让森林公园,工程充分利用已有道路路基进行建设,利用的现有 G222 国道已穿越国家森林公园;工程起点位于伊春市,而伊春市位于小兴安岭林区内,终点位于绥化市,由于地形地貌因素决定了工程线位走向不能避让森林公园;如果本路段采用新设线位(不利用 G222 国道),对小兴安岭森林生态系统的破坏更大;高速公路的修建可以带动森林公园旅游的发展,对森林公园的整体建设、发展有益。

5. 工程建设对森林公园影响

工程主要占压针阔叶混交林和人工落叶松林,龄组为中幼林,均为该区常见树种,下木、下草类型也为该地区常见种类。本段路基占压林地 1676.25 亩(其中有林地 118.2 亩,无林空地 1558.05 亩)、水田 420.41 亩、旱地 39.75 亩,导致生物量损失 3762t。其中占用林地 1676.25 亩,林木蓄积量 310.3m^3,有林地内林木主要是灌木、亚乔木和部分人工落叶松,其他部分均为无林地带。工程建设未侵占卫东原始红松母林和日峰针阔混交原始林。本段路基的挖方和填方对地表形成扰动，破坏了表土层结构、原有地貌及植被，改变了土壤结构，导致土体松散，水土保持功能下降，将会引起水土流失，直接影响森林公园生态环境。为了降低对林木的影响，对于小龄苗木要及时移栽。对于国家级保护野生植物要移栽，严禁砍伐。公路建设带状破坏森林植被，将会引起林缘效应，使工程两侧林缘种群发生一定变化，但不会对区域林木种群分布产生明显影响。

工程以带状的形式将森林公园分隔，将会对森林植物及野生动物物种基因交流产生一定影响。目前G222国道已位于森林公园内，而工程是在G222国道基础上进行建设，其中K54～K85+400路段是利用G222国道进行建设，对植被和动物影响相对较小，而K85+400～K97路段为新开辟线路，对沿线植被破坏程度相对较大，而且对局部森林进一步破碎化，对森林公园森林系统产生一定的影响。

工程建设对野生动物的影响主要表现在施工期的施工噪声影响、运营期的交通噪声以及公路全封闭阻隔影响。本段共设18座桥梁，其中大桥2座、中桥5座、小桥11座，每平均2.4km设1座桥，涵洞55道，每平均700m设1道涵洞，桥涵修建缓解了公路建设对沿线野生动物的阻隔影响。考虑到桥梁也兼顾有动物通道功能，在没有桥梁分布地段设置动物通道，在K55～K61路段利用ZK59+000和YK59+250涵洞改建动物通道，其净空不小于3.5m，宽度不小于4m。并在通道位置前后1km内设计减速、禁止鸣笛警示牌等，提醒驾乘人员注意。森林公园路段两个边界和中间分别设置警示牌，写有"您已驶入日月峡森林公园路段"等字样，提示过往驾乘人员禁止鸣笛、注意保护野生动物和禁止乱扔垃圾、注意森林防火等。

严禁设料场，这样，森林公园内无取土场、砂石料场，避免了取料场对森林公园生态环境和景观的破坏。其他类型临时占地暂未设计，为了降低临时占地对森林公园影响，严禁森林公园内设置预制场、拌和站、施工营地等临时场地。

工程工可在森林公园内设计的取土场、石料场均已要求必须取消，同时严禁森林公园内设置其他临时占地，降低工程建设对森林公园景观的影响。在森林公园路段，主要施工行为是永久占地路基修建。在施工期路基的开挖裸露面、施工活动引起的扬尘和水土流失可能会影响森林公园景观，而且道路的修建将会影响森林公园路段的正常通车秩序，由于森林公园主要景区分布于K83～K96路段，该段属于新建路段，将会降低施工期对该段G222国道的影响，通过采取一定景观恢复措施，如公路植树种草绿化等，可使施工期对森林公园景观影响降至最低。

森林公园路段公路绿化要与公路两侧森林景观一致，K79+500处设的二股服务区的建筑风格要与周围景观相协调，尽可能降低工程建设对森林公园景观的影响。在日月峡景观区 K83 处、鸟语林景区和透龙山庄景区 K85 处、依吉密河漂流景区 K90 处分别设置景区标志牌。

由于主体工程占用 G222 国道,为了不影响当地居民生活的出入,工程配套修建辅道工程,与主体工程线位基本平行。工程辅道主要是利用已有的林区的伐木道路,其中森林公园路段的辅道工程利用旧路 202 亩、旱地 108 亩、林地 1322 亩,占压林地相对较多,为了降低其影响,移栽小龄林木,剥离表层有肥力土壤,就近回填工程取土场或路基边坡,为植被恢复营造条件。为了降低辅道对森林公园水力联系的影响,辅道工程中修建中、小桥各 1 座,涵洞 59 道,基本满足了公路两侧地表径流沟通。辅道非封闭公路,辅道的修建不会对沿线野生动物产生明显阻隔作用,对动物影响较小。辅道修建完毕后,要及时进行公路绿化,公路两侧应栽植当地乡土树种红松、水曲柳、白桦、云杉等,要与公路两侧森林景观保持一致,降低工程建设对森林公园景观的影响。

工程共设 5 座天桥,7 座人行和机耕通道,降低了运营期公路对森林公园阻隔影响。二股服务区兼有互通功能,给游客带来了便利的交通条件。工程建成通车后,将会促进森林公园内日月峡景区、依吉密河漂流景区等旅游发展,对森林公园旅游发展具有重要意义。

6. 环境保护措施

施工前要对施工人员进行环境保护教育和培训,增强人员保护动植物意识,严禁追赶、捕杀野生动物和砍伐保护植物。工程建设前,建设单位应主动与林业部门沟通,对征地范围内的国家保护植物要采取抢救性保护,及时移植珍贵植物。路基施工前,先把小龄苗木移植或假植,作为本公路的绿化树种,并剥离表层腐殖质土层,临时完好堆放,待路基施工完毕,及时覆于路基边坡,为植被恢复营造条件。

严格控制施工范围,严禁在森林公园内随意扩大施工范围,要求建设单位划清施工界限,如在边界上插旗子或打桩拉线等。维持好施工阶段道路交通秩序,尽量避免车辆堵塞和影响当地旅游。严禁布设交通便道增加对森林公园破坏,可采取半幅施工方式,避免设置施工便道对森林公园的破坏。

严禁森林公园内设置取土场、砂石料场、预制场、拌和站等临时占地。严禁施工人员随意砍伐沿线林木。注意防火,严禁林区带火机、吸烟等。生活垃圾和生产垃圾要集中收集处理,严禁沿线随意抛洒,影响森林公园景观。

严禁施工车辆在森林公园河流内冲洗,特别是油箱、油桶、沥青桶等油污、化学试剂容器。在没有桥梁分布地段设置动物通道,在 K55～K61 路段利用 ZK59+000 和 YK59+250

涵洞改建动物通道，其净空不小于3.5m，宽度不小于4m。并在通道进出口两侧进行乔、灌、草结构绿化，通道内覆土种草，注意通道排水，严防通道内积水，使植被恢复与周围环境融合，保障野生动物的通行。在通道位置前后1km内设计减速、禁止鸣笛警示牌等，提醒驾乘人员注意。

K79+500处的二股服务区（停车区）位于森林公园的三级保护区内，服务区设计与周围自然景观协调。所有的停车场、活动广场采用树荫停车场及绿化广场，地面做法采用生态透气材料和技术，可绿化面积的绿化率不得低于80%。工程结束后，要做好全面整治和植被恢复工作，公路两侧人工营造绿化林带。对施工产生的各种废弃物要集中收集、妥善安全处置。

严禁工程穿过重要森林风景资源区，尽量少占林地，同时应做好与日月峡国家森林公园总体规划的衔接。待初步设计完成后，必须按规定办理占用林地手续。施工过程中，要接受林业主管部门和森林公园管理部门的监督。严格执行森林公园相关保护规定要求。

在森林公园路段起点、中间和终点路段分别树立"已驶入日月峡国家森林公园""禁止鸣笛""严禁抛撒固体废物"等保护森林公园景观和野生动物的警示牌和宣传牌。

第四节　公路对地质公园影响

以某国道整治工程为例论述其对地质公园的影响。该工程涉及西藏自治区易贡国家地质公园。

1. 工程与西藏自治区易贡国家地质公园位置关系

工程穿越西藏自治区易贡国家地质公园三级保护区的102滑坡群地质遗迹，涉及路程近3km，其中隧道穿越路段桩号为K0+847（起点）~K2+572（终点）。工程未穿越核心区及一、二级保护区，距通麦镇发展控制区最近边界距离为3.5km，距易贡滑坡体核心区最近距离20.0km，距易贡湖区一级保护区最近距离23km，距易贡湖周沿二级保护区最近距离21km，距易贡藏布三级保护区最近距离6.0km。西藏自治区国土资源厅于2010年1月以文件形式同意工程建设。

2. 西藏自治区易贡国家地质公园概况

地质公园背景：2000年5月4日易贡巨型崩塌滑坡的发生，形成了该地区又一非常重要的地质遗迹景观资源,由于其地学上的重要价值,2001年西藏自治区国土资源厅向国家申报了国家级地质公园。国土资源部于2001年12月批准建立西藏自治区易贡国家地质公园,该地质公园是西藏自治区第一个国家地质公园。

地理位置与范围:地质公园位于西藏自治区波密县与巴宜区交界区域,主要位于波密县易贡茶场和易贡乡以及东部的倾多乡。地理坐标为北纬29°57′09″~30°37′16″,东经94°29′12″~95°14′55″。总体呈宽带状展布,长轴方向呈南东向。总面积2160.8 km^2。其中主要地质遗迹分布范围分别是:易贡巨型山体崩塌区范围8 km^2;易贡巨型滑坡区范围15 km^2;易贡堰塞湖区面积30 km^2;易贡藏布—帕隆藏布断裂带与反向河区面积15 km^2;铁山旅游区8 km^2;冰川地质遗迹区15 km^2;现代冰川旅游考察区20 km^2,峡谷地貌区与次生崩塌滑坡区15 km^2,民族风情与宗教文化区10 km^2。主要以西部易贡地区的巨型滑坡地质灾害遗迹保护区和东部倾多—玉仁地区的现代冰川及古冰川遗迹保护区为核心区,核心区面积123 km^2。远景规划区面积5000 km^2,包括帕隆藏布和雅鲁藏布大峡谷的一部分。

地质公园性质及主要保护对象:易贡地质公园不仅是一个以罕见的巨型高速滑坡地质灾害遗迹为主体,且具国内最大的海洋性冰川、雪山群、堰塞湖、冰湖、峡谷、瀑布、泥石流沟、角峰、铁山等地质地貌景观为一体的综合性地质博物馆,而且还是分布有茂密的原始森林,极具生物多样性的"生态源"和降雨量丰沛发源有多条河流的"江河源"。同时,这里还是中国人民解放军进军西藏的重要基地,当初西藏自治区党委曾选址于此,至今还保留着具有纪念意义的"将军楼"。在近处的雪山上,还遗留有第二次世界大战期间美国军用运输飞机残骸以及撞山坠毁迹地。因此,易贡国家地质公园应是一个以具有国际国内典型地学意义的地质地貌景观和地质遗迹为核心,具有全球"生态源"和"江河源"功能为一体的科学研究和教育基地,是当之无愧的"国家级地质公园"。保护区主要保护易贡巨型滑坡遗迹、易贡湖及周边的堰塞湖自然景观,卡钦、若果和贡普冰川等现代冰川,以及倾多—玉仁古冰川遗迹等地质遗迹、自然景观和史迹。工程涉及的保护对象为102滑坡群地质遗迹。

102大型滑坡位于波密县易贡乡境内川藏公路102道班附近。工程将采用隧道形式绕避102滑坡。102滑坡位于近东西向大型推覆构造的复向斜轴部,构造非常复杂。出露的岩性主要为冈底斯岩群的片麻岩,产状为36°∠56°。滑坡地段仅分布晚更新世古冰碛,堆积厚度达256.4m,堆积其上的冲洪积物厚度为182.61m。102地段滑坡成群分布,在约3km长的范围内共有大小滑坡22处,规模较大的有6处。2号滑坡是102滑坡群的主滑坡,为一大型堆积层,滑坡量达$5.1×10^6 m^3$。据以往资料分析,2号滑坡发育在一个老滑坡的基础上,在老滑坡全面复活过程中,向东侧及后部扩张,规模越来越大。该滑坡在20世纪60年代有明显的活动迹象,到1987年又开始蠕动。边坡发生坍塌,路基每年下沉0.5~1.0m。1991年6月,在各种因素综合作用下,形成了大规模快速滑动力,滑坡影响公路长达550m,滑坡前缘直冲帕隆藏布彼岸,堵江回水3km,溃决后导致3号、4号、5号和6号滑坡的形成和扩大。102滑坡在1998年发生大规模滑动后,形成滑坡的坡体重心降低,坡体物质大部分堆积在坡脚,坡度减小,势能降低。滑动以后改变了原滑坡体的孔隙分布和地下水通道,致使滑坡后部斜坡的地下水大部分从滑坡后壁出水点排到坡体表面。因此,102滑坡主体部分趋向稳定。目前102滑坡的2号主滑体已列入国家重点治灾建设工程,国家投入大量资金和人力物力加以整治,治理方案亦采用了世界上较为先进的滑坡治理工程措施,即采用抗滑支挡(抗滑桩)+预应力锚索固坡护坡+削方减载+桩板(锚板)墙相结合的综合治理工程措施。通过对102滑坡的综合防治,根治滑坡灾害,亦可向游览地质公园的游客讲解和宣传滑坡灾害防治的基本知识,并宣传当今科学技术发展在地质灾害防治工程的应用与发展。

地质遗迹景观保护规划:易贡国家地质公园内地质遗迹景观资源丰富多彩,依据它们在园区内的位置及各自的景观特征,将整个园区保护分为地质遗迹景观保护区、自然景观保护区、史迹保护区以及发展控制区。

核心保护区划分主要为易贡巨型高速滑坡区,其在园区的稀有性及其地学上的丰富内涵,是地学考察和旅游观光的集中区,地质遗迹易遭受破坏,因此要特别加强保护。

一级保护区主要为易贡湖、易贡巨型滑坡、卡钦、若果、贡普冰川和许木古冰川等地质遗迹区。该区分布有丰富的地学旅游资源,是地质公园赖以生存和发展的基础,因此,作为地质公园重点开发建设区,同时也是保护的重点区。

二级保护区主要为易贡河河谷至帕隆藏布老虎嘴一带和波得藏布倾多以下河谷区域,这些地区分布有较多的自然文化景观及地质遗迹景观,具有较高的观赏及科研价值。

三级保护区主要位于东部倾多至玉仁的波得藏布河谷古冰川遗迹区范围,该区自然景观资源丰富,地质遗迹资源也较集中,这些地区人类活动相对较多,需对其进行有效保护。

在地质公园附近的G318国道线上,分布有古乡沟泥石流、102滑坡群、培龙沟泥石流、拉月大塌方、东久滑坡群、迫龙天险、老虎嘴等著名的地质遗迹景观点。这些多是地质灾害遗迹景观,在每一个灾害点上都应设立宣传教育和警示牌。通过这些宣传牌和警示牌,可以使人们了解有关地质灾害及其防治知识。工程涉及G318国道线上的102滑坡群。

发展控制区主要位于通麦镇和易贡茶场总部，该区为居民生活主要集中地和旅游重要开发区，人类频繁的工程经济活动对该区的地质环境条件已造成了一定的影响，因此应加强保护与管理。

G318国道是通往易贡地质公园的主要干道，在地质公园附近的国道线上，分布有古乡沟泥石流、102滑坡群、培龙沟泥石流、拉月大塌方、东久滑坡群、迫龙天险、老虎嘴等著名的地质遗迹景观点，故G318国道的部分路段可作为主要旅游线路使用。通麦—易贡公路是园区内的主要旅游通道，也是自治区交通规划中通往嘉黎之省道的主要路段，该公路提前安排改扩建。线路长约50km。对沿易贡湖周围的车行便道进行改造，规划中期达到四级碎石路面，远期达到三级黑色路面。线路长约30km。

在易贡巨型滑坡景观区、贡普冰川景观区、卡钦冰川景观区以及反向河构造观景点修筑步游道，坡度较大处修筑台阶。线路总长约100km。

特别景观区如下。

(1)卡钦冰川景观区。卡钦冰川作为我国境内第三大冰川及最大的海洋型山谷冰川(长35km)，印度洋暖湿气流沿雅鲁藏布江流域北进过程中，受到区内念青唐古拉山脉的阻挡，特别是在易贡地区受高耸的纳雍波山峰(海拔6388m)的拦挡，使这一带形成了高原上降水最丰富的地区，沿念青唐古拉山脉间形成了十余条海洋型冰川，卡钦冰川就发育于纳雍嘎波雪峰之上。由于卡钦冰川其特殊的地理位置和规模，以及其对研究海洋型山谷冰川的重要意义，受到了国内外冰川研究及科学爱好者的广泛关注。

(2)贡普冰川景观区。贡普冰川作为易贡地区仅次于卡钦和若果冰川的第三大海洋型山谷冰川，其形成条件与区内其他冰川基本类似。但由于其发育的海拔高度相对较低，冰舌及冰水湖处海拔仅2900m。贡普冰川前缘的冰水湖畔，湖水宁静可人，在凉风吹拂下波光凌凌，湖边沙滩洁白如玉，与湖周的林景和雄伟的雪山组成一道美不胜收的山水画卷。从湖边仰望贡普冰川及雪峰，只见白皑皑的冰雪从冰舌(已伸入冰湖)一直延伸到峰顶粒雪区，两侧多条小冰川汇入主冰川，宛如雪峰上系上的一条条洁白的玉带，使贡普冰川规模越发神秘、壮观，雪峰上的冰蚀地貌如冰斗、角峰、刃脊、悬谷等发育良好，特征明显，冰舌前沿的冰水堆积物散发着幽蓝般光泽，冰川胜景莫过如此，人们可欣赏其雄壮的景色。

(3)湖周雪山景观区。沿易贡湖湖周按不同夷平面分布着两级不同高程的雪山，低一级海拔在4500~5000m之间，靠近易贡湖周边，高一级海拔6000m左右，主要沿湖周外围分布，但从湖边即可观赏到两级雪山的雄姿。近一级高程雪山分布有较多中小型冰川,雪线高程在 4200～4500m 之间,高一级雪山则分布有较多的大型冰川,以卡钦、若果冰川为代表。

(4)易贡堰塞湖景观区。易贡堰塞湖自 1900 年形成以来,湖区历经变迁,形成现今以辫状水系相缠绕,滩涂与湖水相交织的湖区地貌景观,一条条细流宛如一根根丝带在湖内徘徊、流连。在东侧则形成较宽的主湖区,西侧多心滩,湖水一般深 2～3m,天气晴好时,白云与湖周雪山、森林构成一幅天上人间的画案,教人心旷神怡,思绪万千;而在雨天,湖面腾起一阵阵云雾,或缠张于山间林海,让人感到心静如水。

(5)易贡茶场景观区。易贡自古就产茶,所产的高原圣茶——易贡茶如今已享誉海内外,游人到易贡必会带回去一些品茗或赠送亲朋,而到了易贡,展现你眼前的是湖畔成片的茶场,茶树充分吸收着易贡的水土,加之这里远离污染,所产"高原圣茶"自然形成了其特有的清香与甘甜。

(6)铁山景观区。从茶场近观铁山,铁山呈一"三角形"尖峰耸立于易贡湖口,像是一把利剑把关,故当地藏族同胞又称其为"帕干杉布",即"守护神"之意,又因其上产铁矿,当地居民自古就在此采矿炼铁。

(7)巨型山体崩滑景观区。易贡巨型山体崩滑景观可分为巨型山体崩塌区,高速滑坡区和滑坡堆积区三个主要景观,远观巨型的山体崩塌后位于扎木弄沟谷源头分水岭的宽谷口,高程在 4920～5520m 之间,大约 3000 万 m^3 的岩石从山顶崩落,高速运动过程中又引带了其下方 2600～3600m 海拔大量松散堆积和岩石,共同形成了一高速滑坡冲出沟口,越过易贡藏布,形成了一高百余米的土石坝,并迅速沿四周散开,形成了一面积达 8.69km^2、总堆积方量约 3 亿 m^3 的滑坡堆积区。这些雄伟的崩塌滑坡地貌景观,实属世界罕见。

(8)溃决水毁及衍生地质灾害景观区。扎木弄沟巨型山体滑坡形成拦断易贡藏布的土石坝在历时约 1 个月后,形成了易贡湖约 60m 高的水头,土石坝溃决后湖水撕开了一宽约 100m 的决口,湖水也迅速下泄,强大的水流翻滚而下,易贡藏布两岸遭受了地毯式搜刮,河岸松散积物几乎被掏光,两岸形成了新的不稳定岸坡,并诱发了多处地段发生了新的滑坡灾害,沿易贡藏布公路一侧即可见到这些滑坡痕迹,不由让人联想起当时水溃的惊险与雄壮,那惊心动魄的场面仿佛就在眼前。

(9)温泉景观区。沿易贡周边地区出露有两处较大规模的地下热水,一处为勒曲藏布沟口不远处的增曲温泉,另一处为喇叭曲的弄巴温泉。两处温泉出露的水量均较大,达 3L/s 以上,水温亦较高,均大于 30°,均为深部地下热水,温泉水富含多种对人体健康有益的微量元素,目前当地的村民经常到此两处温泉沐浴、疗病,因此,对其进行开发利用,必将成为地质公园又一胜景。在距通麦大桥不远的 G318 国道路边出露有一处高温地热泉,由于其独特的交通便利条件,极具观赏和开发利用价值。

(10)古冰川遗迹景观区。位于地质公园东部的倾多—玉仁地区。该地区波得藏布河谷及两岸保存着完好的古冰川遗迹地貌,如冰碛垅、侧碛垅、终碛垅、冰砾阜等,还可见两处古冰湖地貌景观及古冰湖沉积的地层景观,是开展冰川研究、古气候变迁及古地理研究的理想场所。

3. 工程建设与地质公园规划协调性

根据《西藏自治区易贡国家地质公园总体规划》,工程的 G318 国道属于地质公园总体规划中道路交通规划中的主干公路。G318 国道是通往易贡地质公园的主要干道,在地质公园附近的国道线上,分布有古乡沟泥石流、102 滑坡群(工程所在位置)、培龙沟泥石流、拉月大塌方、东久滑坡群、迫龙天险、老虎嘴等著名的地质遗迹景观点。G318 国道的部分路段是地质公园主要旅游线路。由此可见,工程建设符合地质公园总体规划。

4. 路线方案穿越地质公园合理性

工程的 G318 国道符合《西藏自治区易贡国家地质公园总体规划》,是地质公园主要旅游线路,工程建设有利于地质公园旅游开发。G318 国道川藏公路符合国家骨架公路网和西藏自治区公路网规划,存在时间早于地质公园成立时间。由于 102 滑坡群中的大型 2 号滑坡频繁阻断交通,目前仍为 G318 国道川藏公路的"瓶颈"。为了保障该段 G318 国道畅通,工程将采用隧道形式绕避 2 号滑坡。对于"小 102"滑坡群中的 3~6 号滑坡进行整治,避免滑坡威胁 G318 国道安全运行。综合分析,由于国防、区域经济发展和地质公园旅游发展等需要,以及地质公园规划范围等因素,决定了工程将不可避免穿越西藏自治区易贡国家地质公园。

5. 工程建设对地质公园影响

工程建设将会破坏一些地质公园内的自然植被,但工程建设主要属于滑坡整治和因避绕大型 2 号滑坡而修建的隧道工程。对于滑坡整治工程,设计单位尽量根据实际情况把工程整治和原地林草植被相结合进行滑坡防护,施工单位尽量少砍伐林木,严格控制施工界线,降低对自然林木的破坏程度。隧道工程避免工程建设破坏大量森林植被,将工程建设对山地森林自然植被影响降至最低,严格控制隧道口破坏面积,禁止随意扩大施工范围,保护隧道口周围自然林木植被。隧道弃渣应运至指定的 K4068 + 100 和

K4096+700处弃渣场,弃渣场均不在地质公园核心区和一、二、三级保护区内;砂砾料场K4098+300位于地质公园三级保护区,将会对景观产生一定影响。通过采取工程防护和植被恢复(撒播乔松种子),将降低弃渣场对周围自然生态环境的影响。应及时采取工程和植被恢复措施恢复施工营地、拌和站等工程临时场地,降低工程建设对植被的影响。

地质公园的特别景观区有卡钦冰川景观区、贡普冰川景观区、巨型山体崩滑景观区、桑林寺景观区等特别景观区,工程距最近的巨型山体崩滑景观区边界距离约20km,工程建设未涉及冰川等特别景观区,建设单位应特别注意对特别景观区的保护工作,严禁施工人员随意进入特别景观区。

地质公园内的地质遗迹主要有易贡巨型滑坡遗迹和卡钦、若果和贡普冰川等现代冰川景观区以及倾多—玉仁古冰川遗迹景观区等。在地质公园附近的G318国道上,分布有古乡沟泥石流、102滑坡群、培龙沟泥石流、拉月大塌方、东久滑坡群、迫龙天险、老虎嘴等著名的地质遗迹景观点。工程建设除涉及102滑坡群地质遗迹景观点外,其余遗迹景观区和景观点均不涉及。工程主要整治威胁G318国道交通安全的滑坡,工程将保留102大型滑坡即2号滑坡,采取隧道形式绕避,仅对"小102滑坡群"进行防护整治,通过采取避绕措施将降低工程建设对102滑坡群地质遗迹景观点的影响。在102滑坡群地质遗迹景观点设立宣传教育和警示牌。

工程属于滑坡整治和隧道修建工程,基本上在原G318国道基础上进行施工,将避免因大量开挖坡体对地质地貌造成的影响。以隧道形式穿越山体不仅能很好地保护山体自然森林植被,而且将很好地保护地质公园内的地质地貌景观。工程的砂料场、弃渣场等将会对地质地貌产生一定影响,为了降低其对地质公园地貌景观的影响,施工完毕后及时采取相应工程和植被恢复措施,最大程度地降低其影响。

6. 环境保护措施

按照西藏自治区相关主管部门要求,建设单位应切实合理选择和设置弃渣场、砂料场、施工营地等临时占地,尽量减少破坏原有的地形、地貌和地质遗迹。施工前建设单位应与地质公园管理部门协商施工保护方案,降低工程建设对地质公园景观的影响。

施工前应做好《地质遗迹保护管理规定》和《西藏自治区地质环境管理条例》的宣传工作,设立宣传牌等设施。建设单位应特别注意对特别景观区的保护工作,严禁施工人员随意进入特别景观区。严格控制施工占地范围,严禁越界施工活动。禁止在地质公园核心区和一级保护区内施工活动。严禁随意开采砂石料和弃渣,必选在指定的料场内开采和弃渣。

施工完毕后，及时清理场地，采取相应工程防护和植被恢复措施恢复砂料场、弃渣场、施工营地等临时场地。在2号滑坡体撒播尼泊尔桤木种子，促使植被恢复，稳固滑坡体，降低水土流失和滑坡地灾发生。在102滑坡群地质遗迹景观点设立宣传教育和警示牌。工程采用隧道形式绕避2号滑坡，也将是对102滑坡群地质遗迹景观点的保护。

第五节　公路对水产种质资源保护区的影响

以某公路工程为例论述其对水产种质资源保护区的影响。该工程涉及青海湖裸鲤国家级水产种质资源保护区。

1. 工程与青海湖裸鲤国家级水产种质资源保护区位置关系

工程K20～K213路段穿越青海湖裸鲤国家级水产种质资源保护区实验区，穿越里程约193km。

2. 青海湖裸鲤国家级水产种质资源保护区概况

地理位置：青海湖裸鲤国家级水产种质资源保护区位于青藏高原东端祁连山地东南部，青海省境内，在E99°36′～100°16′，N36°32′～37°15′之间。保护区水域包括青海湖、黑马河、布哈河、泉吉河、沙柳河、哈尔盖河、吉尔孟河等河流，保护区总长度为709km，流域面积22661km^2，水域总面积3385.7km^2。

保护对象：青海湖裸鲤国家级水产种质资源保护区属于水产种质资源类型的保护区。保护对象主要为青海湖裸鲤、甘子河裸鲤、硬刺条鳅等鱼类。

青海湖裸鲤为高原特有鱼类，仅分布于青海湖流域及其水系，栖息于青海湖及注入青海湖的各河流中。杂食性。行溯河产卵，主要集中于每年的5—7月。一般在流速缓慢、平稳，底质为石砾、卵石、细沙，水深0.1～1.1m的水域进行繁殖。

青海湖裸鲤：别名为裸鲤、青海湖裸鲤。体长形，稍侧扁，吻钝圆，口近端位或亚下位，呈马蹄形。唇狭窄，唇后沟中断，无须，鱼体表无鳞，仅在肛门和臀鳍两侧以及肩带部位有稀疏的特化鳞片。鱼体背部呈灰褐色或黄褐色，腹部则为灰白色或浅黄色，体侧有不规则的褐色块斑，也有个别鱼体全身呈浅黄色。体重达250g，需8～9年；体重达500g，需11～12年。由湖进入河中产卵繁殖。一般在流速缓慢、平稳，pH值7.8～8.2，底质为石砾、卵石、细沙,水深0.1~1.1m,水温在6~17℃之间的水域进行繁殖活动。怀卵量较低,尾重500g的鱼,绝对繁殖力平均为11400粒,相对繁殖力平均28.75粒/g。青海湖裸鲤生活在高原地区,生长十分缓慢,且繁殖力较低,自20世纪后期以来,由于环境气候干旱变暖,环青海湖区一百余条入湖河流干涸断流,产卵场消失,致使青海湖裸鲤种群结构遭严重破坏,导致资源大幅下降。

甘子河裸鲤:别名为裸鲤、无鳞鱼。体长形,稍侧扁,吻钝圆。口近端位或亚下位。无须,体表无鳞,仅在肛门和臀鳍两侧以及肩带部位有稀疏的特化鳞片。鱼体背部呈灰褐色或黄褐色,腹部则为灰白色或浅黄色,体侧有不规则的褐色块斑,也有个别鱼体全身呈浅黄色。脊椎骨总数47~52,肠长为体长的1.14~5.26倍。仅见于青海湖甘子河。栖息于河水中下层,繁殖季节,常见于河边或浅滩边。生活于高原河流中,生长十分缓慢,由于是甘子河和青海湖地理上的阻隔引起形成的种,资源量很少,且河道中易于捕捞,所以要加强保护力度。

硬刺条鳅体延长,后躯稍侧扁。眼侧上位。须3对。口下位,深弧形。唇肉质,多皱褶。下颌正常。无鳞。侧线完全。背鳍最后不分枝鳍条粗而硬,鳍高为基部长的2倍。腹鳍起点与背鳍第2根分枝鳍条相对,其末端达肛门。尾鳍微凹。分布于青海湖及黄河上游各地。栖息于高原河流或湖泊的岸边,以浮游动物为食,在青海湖每年3月湖周河流融冰时即开始上溯,在水深0.5m、沙底河段产卵繁殖。在青海湖地区曾获最大个体全长为214mm。

功能区划:根据水产种质资源保护区建设的要求和青海湖裸鲤栖息水域生态条件,种质资源保护区划分为核心区和实验区。保护区核心面积为415.6km^2,主要包括青海湖主湖体,是裸鲤等鱼类生存的区域。地理坐标在东经99°46′~100°39′,北纬36°32′~37°11′范围内。保护区实验区为2970.1km^2,主要包括青海湖流域所属河流和草甸,其中黑马河16km、布哈河300km、吉尔孟河112km、泉吉河65km、沙柳河106km、哈尔盖河110km,共709km。主要是青海湖裸鲤洄游产卵时受干扰的区域,在此采取人工手段,保护与宣传并举,加快生物多样性恢复。地理坐标为东径98°24′~99°46′,北纬37°11′~38°10′范围内。

3. 工程避让水产种质资源保护区可行性

工程K20~K213路段及该路段的公路沿线设施位于青海湖裸鲤国家级水产种质资源保护区实验区,公路穿越里程约193km。种质资源保护区呈西北—东南向划分,青海省路网规划中工程路线走向为东西走向。由于受地形地貌、保护区地理位置及公路控制点等客观因素,使工程路线不可避免将穿越该种质资源保护区。青海省相关主管部门以文件形式同意工程穿越该种质资源保护区。

4. 工程影响范围内青海湖裸鲤分布现状

据已有关于青海湖裸鲤的文献,并咨询青海省渔业局、青海湖裸鲤救护中心、青海省渔业环境监测站等相关单位了解到,青海湖裸鲤主要分布在青海湖内,行溯河产卵,由湖进入河中产卵繁殖,产卵洄游于每年的5—7月,其中主要集中在5—6月。史建全、王基琳、陈大庆等人发表的研究成果表明,目前由于青海湖区域为干旱少雨地区,受全球气候变化影响,近年又持续无雨,致使河水流量锐减,河床变窄,甚至断流,较小河流已长期干涸或成间歇性河流。现在有裸鲤上溯产卵的河流仅有布哈河、沙柳河、黑马河、泉吉河和哈尔盖河。工程主要以桥梁形式跨越哈尔盖河、沙柳河、泉吉河和布哈河等河流。

5. 水产种质资源保护区内工程量

工程K20~K213路段及该路段的公路沿线设施位于青海湖裸鲤国家级水产种质资源保护区实验区,公路穿越里程约193km。穿越路段工程采用一级公路标准建设,设计速度100km/h,路基宽度为26m。该路段共设桥梁30座,其中大桥11座、中桥10座、小桥14座;隧道1座;服务区3处,收费站6处;该路段永久占地1132.63hm^2,其中耕地59.36hm^2、草地1006.48hm^2、林地39.5hm^2、建设用地9.82hm^2和未利用地17.47hm^2。

6. 工程建设对水产种质资源保护区的影响

(1)施工期对种质资源保护区的影响。施工期对种质资源保护区影响主要为跨河施工和河道设取料场。主要采用桥梁形式跨越哈尔盖河、沙柳河、泉吉河和布哈河,桥墩不涉水施工,对鱼类栖息环境影响小。为了降低工程建设对保护区的影响,根据专家意见,建设单位对工程桥梁设计进行了优化,将布哈河大桥跨越主河道的跨径由30m增加到60m,避免了在主河道设置桥墩;同时,优化了其他桥梁桥墩的选址,避免了桥墩涉水施工。禁止泥浆水和生活污水排入河流。桥梁上部施工对鱼类影响较小,重点做好施工机械跑冒滴漏工作,避免对河流水质产生影响。而工程在跨越河流路段均采用桥梁形式,将降低对鱼类洄游产卵阻隔等影响。依据现场踏勘,工程穿越种质资源保护区实验区路段以路基工程为主,河流区域的路基水土流失等也将会对河流水质产生一定影响。

因路面填方形成的裸露面在雨水冲刷下形成路面径流也会进入水体，导致水体混浊，从而影响到水生生态环境。因此，在落实划界施工的前提下，做好路基水土流失防治工程，将降低路基工程对种质资源保护区的影响。同时施工区域生活污水和生活垃圾、施工机械机修及工作时油污跑、冒、漏、滴产生的含油污水在管理不到位的情况下排入河中将会对水质产生一定程度的污染，造成河流水质变化。工程在施工过程中应加强管理，防止上述现象发生，施工营地远离河流至少500m以外。其中，工程共4处砂砾料场位于种质资源保护区河道，通过采挖砂，砂砾开采过程中水中悬浮物浓度将会增加，对河流水质、鱼类产生一定影响，也将会直接破坏鱼类栖息地。由于哈尔盖河、沙柳河、布哈河属于裸鲤洄游产卵河道，将会对其产生较大影响。应取消K49+730、K80+200、K170+590、K174+0004处砂砾料场。由于青海湖四周河流均属于裸鲤洄游产卵河道，禁止在河道内设取料场。

（2）运营期对水产种质资源保护区的影响。运营期对种质资源保护区的影响主要为水环境，若桥面径流或发生危险品风险事故将会对河流水环境产生影响，导致对鱼类栖息地环境产生一定影响。为了降低其影响，跨河桥梁两端设警示牌，桥梁设加强型防撞护栏，并设桥面径流收集系统，防止油类或危险化学品的泄漏事故发生，避免有毒有害物质进入水体对水生生态造成重大影响。收费站生活污水设置防渗化粪池，定期由环卫部门清掏处理，禁止污水外排河流；服务区产生污水采取污水处理设施处理，禁止外排。总体上，运营期工程建设对水产种质资源保护区影响小。

7. 环境保护措施

为了更好地保护水产种质资源保护区，在建设过程中，建设单位应按照《中华人民共和国渔业法》《水产种质资源保护区管理暂行办法》等有关管理规定加强施工管理和保护，认真落实青海省相关主管部门的管理要求，接受主管部门监督和指导工作。

开工前应对施工人员开展保护鱼类的宣传教育工作，严禁施工人员在河流内捕鱼。为了降低工程建设对保护区的影响，建设单位委托设计单位重新设计桥梁，扩大桥梁孔径，桥梁的桥墩无涉水施工，禁止泥浆水和生活污水排入河流。桩基开挖泥渣应弃于制定的附近弃渣场，严禁直接将开挖泥渣弃于河道。

严禁河道内取土取砂等施工活动，应取消位于河道内的K49+730、K80+200、K170+590、K174+0004处砂砾料场。划界施工，严格控制施工范围，降低工程建设对生态环境的影响。施工结束后做好生态恢复工作，施工完毕后及时平整恢复临时施工场地。施工营地远离河流至少500m以外。

建设单位应落实保护区主管部门意见,在施工过程中严格管理,科学处理废水及施工废弃物,防止对水生环境造成污染。同时,建设单位配合相关部门做好施工期和运行期水生生物监测工作。

依据《水产种质资源保护区管理暂行办法》,收费站采用防渗化粪池收集后由环卫部门清掏处理;服务区产生污水采取污水处理设施处理,禁止外排。在穿越水产种质资源保护区路段严禁生活污水外排。对跨越哈尔盖河、沙柳河、布哈河的桥梁设置桥面径流收集系统。

第六节　公路对饮用水源地影响

一、水地表水源地影响

以某高速公路工程为例,工程涉及依吉密河饮用水水源保护区。

1. 工程与依吉密河饮用水水源保护区位置关系

工程K80~K105路段穿越依吉密河饮用水水源保护区的依吉密河陆域地表水源二级保护区25km。线位距铁力市规划的依吉密河取水口最近直线距离为6.5km。依吉密河规划取水口位于工程跨依吉密河桥梁的下游,最近距离约30km。

2. 规划的依吉密河饮用水水源保护区概况

当时,铁力市正在规划建设1处新的水厂,该水厂以依吉密河河水作为水源,取水口位于铁力市北侧新民屯附近的依吉密河河段,目前该取水口尚未划定地表水源保护区范围,参照国家《饮用水水源保护区划分技术方法》(HJ/T 338—2007)和《黑龙江省饮用水源保护区划分与防护的实施办法》中的相关要求,铁力市拟对该水厂取水口饮用水水源保护区划分为:"河流型饮用水水源地,其一级保护区为饮用水取水口所在河段上溯1000m,下游100m,共计1100m的河段水域,以及两岸外延100m的陆域;其二级保护区为一级保护区河段范围之外上溯40km,向下游延伸5km的水域以及一、二级保护区水域河段沿两岸外延5km的陆域范围。"

3. 工程避让饮用水水源保护区可行性

工程K80~K105路段穿越依吉密河陆域地表水源二级保护区25km。鉴于工程在

《国家高速公路网规划》中的线位走向廊道已经确定,且该水源地陆域二级保护区范围较大,若另辟新线需占用大量的耕地和林地,受区域环境现状影响,工程无法避让依吉密河规划饮用水水源二级保护区。经建设单位申请,伊春市人民政府以伊政函〔2008〕120号文形式同意工程穿越规划依吉密河饮用水水源二级保护区。

4. 规划依吉密河饮用水水源保护区内的工程量及施工方式

工程 K80~K105 路段共设有大桥 2 座、中桥 5 座、小桥 4 座、涵洞 19 道、分离式立交 2 处,辅道 1.0km,填土路基路段约 24.4km。工程在位于铁力市依吉密河规划饮用水水源保护区内共设置了 11 座桥梁跨越依吉密河及其上游支流。设计单位在设计中已将上述跨约依吉密河及其支流桥梁的桥墩布设于所跨河流常水位主河槽外,尽量减少工程跨河桥梁施工对依吉密河及其支流水质的影响(表 9-15)。

工程在铁力市依吉密河规划饮用水水源保护区内桥梁情况表　　　表 9-15

序号	中心桩号	孔数及孔径(孔/m)	桥长(m)	跨越河流名称
1	ZK81+603	6/20	125.14	依吉密河
2	YK82+724	6/20	125.14	依吉密河
3	K84+324	1/13	20.54	依吉密河
4	K87+477	2/10	27.54	依吉密河
5	K91+027	2/10	27.5	依吉密河
6	K94+234	3/13	43.14	五道河
7	K98+306	3/13	43.14	人工渠
8	K100+507	1/10	17.5	三道河支流
9	K102+356	3/13	43.14	三道河支流
10	K103+842	3/20	65.14	三道河
11	K108+093	3/20	65.14	二道河
	合计		603.06	—

5. 工程对规划依吉密河饮用水水源保护区的影响

桥梁施工过程中对水体的影响,主要在下部的基础钻孔灌注桩施工的钻孔和清孔的环节。目前,国内防止桥梁施工污染河流的方法主要采用钢护筒围堰等,同时将从基坑开挖的泥沙由取渣筒取出运至规划饮用水水源保护区以外处理,严禁将泥渣直接排入河流中。通过上述措施并结合严格的施工管理,桥梁下部构造施工过程中对水体中悬浮物的增量可得到有效控制,基本不会对跨越水体的水质产生大的影响。桥梁施工过程中,使用的机械、设备的操作性失误会导致用油的溢出、储存油的泵出、盛装容器残油的倒出、机修过程中的残油、废油及洗涤油污水的倒出、机器转轴润滑油的溢出以及水上桥梁涂油漆的滴淌等,也会对工程所跨越的河流水质造成影响,因此,必须加强施工期管理,采取有效防范措施,严禁油污、弃渣、垃圾等进入水体,以保护所跨越河流的水质。为了尽量减少施工特别是桥梁施工对水源保护区的影响,施工营地在施工条件许可的情况下,应设置在水源保护区之外。施工期在涉及沿线水体,特别是涉及上述水源保护区时,加强施工期环境管理。

公路在跨越河流时多以建桥形式通过,小的河流或农灌渠以涵洞形式通过,在公路建成投入运营后,公路交通对沿线水质的主要影响因素是运行车辆所泄漏的石油类物质,通过地表径流流入沿线河流。路面径流的主要污染物为 COD、石油类、SS 等。路面径流排入边沟后,石油类、SS 等污染物吸附沉淀,根据高速公路路基边沟排水水质的有关研究,工程边沟排水水质可以满足现行《污水综合排放标准》(GB 8978)中一级标准和现行《农田灌溉水质标准》(GB 5084)(SS≤100mg/L,石油≤1.0mg/L),路面排水经过边沟收集沉淀后,用于农灌不会对植被和两侧农作物产生影响。沿线河流为Ⅱ类和Ⅲ类水体,污水不得排放或要求达到现行《污水综合排放标准》(GB 8978)中一级标准。为了最大程度保护沿线河流以及节约用水,路面径流经过边沟收集后,最终排放去向为沿线农灌渠,用于沿线农田灌溉及路两侧树木绿化用水。另外,为防止杂物弃入沿线河流,桥梁两侧应设置防落网。通过采取这些防范措施,加上严格的日常管理,可以防止桥面径流对河流的直接影响。通过采取将沿线跨河桥梁桥面径流污水以及路面径流污水经收集后排入公路两侧排水沟或农田排灌水渠,雨水不得直接排入依吉密河及其支流等措施,工程运营后路面径流不会对其造成明显影响。

6. 依吉密河饮用水水源保护区保护措施

为加强对饮用水水源的保护,工程在招标阶段招标文件中要明确该路段饮用水水源保护问题,投标阶段工程承包商要承诺其对应用水源保护区的责任和任务,自愿接受建设单位和地方环保、水利部门的监督。

搅拌站、施工生活区、堆料场、预制件场等临时施工场地尽量不设置西山水库和规划依吉密河水源保护区内,如根据工程需要设置在西山水库和规划依吉密河水源保护区内,禁止施工生产和生活污水外排。施工中的废油、废沥青和其他固体废物不得堆放在西山水库及依吉密河保护区内,同时应及时清运至专门的仓库或堆放场所,并应设篷盖,防止雨水冲刷入水体。禁止向幺河、依吉密河水域丢弃废弃物、排放生活污水。任何单位和个人不准在水源保护区内随意倾倒垃圾,产生的垃圾要由施工单位负责及时处置。不得随意破坏植被和砍伐水源涵养林、护坡林等。

目前依吉密河饮用水水源保护区正处于规划阶段,建设单位与水源保护区的管理部门积极沟通协调,使最终确定的依吉密河饮用水水源保护区规划方案充分考虑工程的影响因素。

二、地下水源影响

以某高速公路工程为例,工程涉及通榆县生活饮用水水源保护区。

1. 工程与通榆县生活饮用水水源保护区位置关系

工程的通榆北连接线 LK4+730～LK6+630 路段穿越通榆县生活饮用水水源保护区的准保护区,穿越里程 1.9km,距二级保护区边界最近距离 100m,距一级保护区边界最近距离 450m。主线距水源保护区最近距离为 3.8km。

2. 通榆县生活饮用水水源保护区概况

通榆县生活饮用水水源保护区位于通榆县开通镇东北部,所在区域地面平坦,现状为大片菜地和农田。于 2004 年由通榆县人民政府批准设立水源保护区。水源保护区控制面积 11.2km^2。现有供水井 9 眼,单井供水量 80m^3/h 以上。供水井呈西南—东北向长方形布置,截止于新立屯和六井子。水源为第三系裂隙孔隙承压水,其中泰康及大安组含水目的层,岩性为粉砂岩、中粗砂岩及砂砾岩,含水层厚度近 60m;白土山组承压水目的层,岩性为砂、砂砾石,含水层厚度 3～10m。水源地天然资源量 1.25×10^4m^3/d,允许开采量 1.13×10^4m^3/d,弹性储存水资源量 82764m^3。

功能划分:水源保护区划分为一级保护区、二级保护区和准保护区。一级保护区以现开采井为中心,半径 20m 为圆形范围。二级保护区位于一级保护区外,南北长 1.8km,东西宽 1.5km 的 2.7km^2 范围。准保护区位于二级保护区外围,主要补给影响区,即西南方向 2.4～2.5km,约 7km^2 范围。

保护要求:根据《中华人民共和国水污染防治法》《饮用水源保护区污染防治管理条例》《饮用水源保护区划分纲要》《吉林省通榆县生活饮用水水源保护区划报告》等相关要求,饮用水源一级保护区禁止建设与取水工程设施无关的建筑物,禁止从事农牧业活动,禁止倾倒、堆放工业废渣及城市垃圾;二级保护区内禁止新建、改建、扩建排放污染物的建设工程;原有排污口必须削减污水排放量,保证保护区内水质满足规定的水质标准;禁止设立装卸垃圾、粪便、油类和有毒物品的码头。准保护区内禁止新建、扩建对水体污染严重的建设工程;改建建设工程,不得增加排污量。直接或者间接向水域排放废水,必须符合国家及地方规定的废水排放标准。当排放总量不能保证保护区内水质满足规定的标准时,必须消减排污负荷。

3. 穿越水源保护区路段的工程概况

通榆北连接线 LK4+730~LK6+630 位于水源保护区准保护区内,涉及里程为 1.9km。通榆北连接线主要利用 S219 省道改造加宽,设计公路等级为一级公路。路线采用路基形式,设计速度 80km/h,路基宽度 24.5m,路面宽度 $2\times10.5m$。路基横断面组成为:中央分隔带宽度为 2.00m,路缘带宽度为 $2\times0.50m$,行车道宽度为 $4\times3.75m$,硬路肩宽度为 $2\times2.5m$,土路肩宽度为 $2\times0.75m$。行车道、路缘带及硬路肩路拱横坡采用 2%,土路肩横坡采用 3%。该路段主要路基工程,水源保护区内无桥梁、服务区和停车区等工程。

4. 工程穿越水源保护区路段环境现状

通榆北连接线属于利用现有 S219 省道改扩建工程,目前穿越水源保护区路段两侧基本上城市化,公路两侧分布有大量居民和企业建筑物,取水井与公路之间基本有建筑物相隔。目前公路路基宽约 16m,公路两侧无排水沟设施。水源保护区的一级和二级保护区内主要为耕地。

5. 工程穿越水源保护区可行性

通榆北连接线属于利用 S219 省道改扩建,该连接线的设置主要连接通榆县城区、S219 省道公路及附近乡镇,满足通榆县及附近鸿兴等乡镇车辆进出高速公路的需求。受路网布局、通榆县的城市发展规划、交通出行需求等经济技术以及水源保护区划等因素制约,通榆北连接线无法避开通榆县生活饮用水水源保护区。通榆县人民政府以文件形式同意工程路线方案。

6. 工程对饮用水水源保护区影响

通榆北连接线主要利用 S219 省道公路改造加宽,路线采用路基形式,没有桥梁施工,工程位于地下水位以上,不会影响地下水含水层,路基工程对地下水的影响很小。施工期对地下水的影响主要来源于施工营地生活污水,禁止本路段内设置拌和站、施工营地等生产和服务设施,避免生产废水和生活污水影响地下水水质。

运营期对地下水环境的影响主要表现在路面径流对地下水水质的影响和运输危险品车辆的风险事故影响。工程运营后,路面径流对地下水水质的影响主要污染物如SS、石油类等,这些污染物一旦随降水径流进入周围水体,将对地下水的水质产生一定的影响。通榆县多年平均降雨为403.1mm,路面径流将进入路基边沟,通过边沟汇集后流出准保护区。由于路面径流中上述污染物一般是在降雨初期浓度较高,在降雨一般时期后污染物浓度逐渐降低。由于SS本身为泥沙类物质,污染较小,土壤层对其的天然阻滞作用较强,对地下水含水层的影响很小。根据相关研究,由于土壤层的吸附作用,污染物在土壤中的运移过程中一般被吸附净化,石油类污染物主要积聚在土壤表层80cm以内,对表层土壤影响较大,但对地下水含水层影响较小。而且经咨询通榆县自来水公司,现有S219省道未对水源保护区产生影响。

危险品运输车辆发生事故导致危险品泄漏,土壤污染后被雨水冲刷及渗透进入水源地,未及时处理导致取水井水体产生污染。本路段渗透系数为28~48m/d,渗透时间长,相关部门有足够的时间进行污染处理,对水源地影响较小。事故发生后,应立即启动应急预案和通报应急管理部门,实施过程中须严加管理。为防止危险品运输事故风险,对运营期的事故风险作估算分析,提出必要的防范措施。根据危险品运输事故风险概率计算方法,水源保护区危险品运输事故估算运营近期为0.0031次/年,运营中期为0.0047次/年,运营远期为0.0089次/年,危险品运输车辆在所经敏感路段发生可能引起饮用水源污染的重大交通事故的概率较低。

7. 环境保护措施

施工期将先修建排水沟系统,防止废水排入水源保护区,并进一步完善水源保护区路段的公路排水系统,加宽路基边沟,并做防渗处理,严禁公路路面径流排入水源保护区。

禁止施工营地、沥青拌和站、砂砾料场、取土场等工程设于水源保护区内,严禁生活污水和生活垃圾排入或堆放于水源保护区内。

在LK4+730~LK6+630路段两端设保护水源保护区警示牌,提醒过往车辆减速慢行,并且在警示牌上注明事故应急电话。

建设单位在施工期和运营期应与水源保护区主管部门进行协调,并接受水源保护区主管部门监督检查工作。建设单位应认真落实风险防范措施和应急预案,降低公路运营对水源安全。

第七节 公路对文物的影响

以某公路工程为例论述其对文物的影响,该工程涉及柳湾遗址。

1. 工程与柳湾遗址位置关系

工程在乐都区柳弯段 K54+600～K56+300 途经柳湾遗址,其中 K55+660～K55+960 段路线从柳湾遗址南侧边缘区域穿过,与遗址有较小范围的重叠。

2. 柳湾遗址概况

柳湾遗址位于青海省海东市乐都区高庙镇柳湾村,为新石器时代古聚落遗址。柳湾遗址地处湟水河第一台地。柳湾遗址迄今尚未发掘,据柳湾原始社会墓地的出土物分析是一处新石器时代马家窑文化半山类型、马厂类型及青铜器时代齐家文化和辛店文化遗存。

遗址面积较大,文化类型丰富,在20世纪70年代调查发现,2006年6月批准为全国重点文物保护单位。被农田和农舍覆盖,是当地群众生产生活场所,中国柳湾小岛彩陶博物馆建在遗址北端。青藏铁路和大峡直渠从遗址中部东西向穿越,遗址南部外缘有鲁大复线和兰西高速公路经过,且遗址内建有大量居民建筑和乡村道路。柳湾遗址周边历史风貌、景观环境总体一般。

保护范围:其中墓群保护范围为,由原墓群所发掘的西区开始,东起大堂沟西坡沿,西至柳湾沙沟东坡沿,北为大顶制高点,南到大峡自渠,东西450m,南北450m。遗址保护范围为,东以柳湾沙沟为界,南达湟水北岸的第二台地的前沿,西以柳湾村庄道路为界,北以大峡直渠为界,东西400m,南北700m。

建设控制地带:同保护范围。

3. 工程对遗址避让可行性

路线布设沿既有老路布设,不新开走廊带,充分利用了老路资源,并能较好地发挥工程作为集散公路在该区域的功能,符合地方整体路线规划。同时工程线路已尽可能避开遗址分布范围,且涉及遗址的范围内未发现文物遗存,对柳湾遗址的真实性与完整性影响可接受。建设单位委托第三方咨询机构编制了公路建设工程涉及全国重点文物保护单位——柳湾遗址文物影响评估报告,根据文物考古研究所2014年考古勘探结果,工程占压未发现明显的文化层及遗迹现象。

4. 工程对遗址影响

柳湾遗址无地面遗存,南部区域周边环境为湟水河、耕地、树林、村庄以及青藏铁路、兰西高速公路、鲁大复线等道路,对遗址的历史环境已然改变很大,遗址的历史风貌、景观环境保持总体一般,公路建设实施将对遗址环境造成一定程度的影响。但考虑到遗址现状环境较为复杂,结合公路建设对遗址周边环境加以整治,对遗址环境影响可接受。

路线布设沿既有老路布设,不新开走廊带,充分利用了老路资源,并能较好地发挥工程作为集散公路在该区域的功能,符合地方整体路线规划。由于鲁大复线沿线村镇分布密集,老路两侧居民住宅较多,路线沿京藏高速公路G6线北侧平行布设,减少了拆迁,保障了当地居民的利益。同时使用鲁大复线老路布置,降低了新增土地资源。

柳湾遗址面积较大,文化类型丰富,属全国重点文物保护单位。公路由遗址南部边缘以外东西向穿越,但对遗址的完整性和今后的大遗址规划都有影响,根据《中华人民共和国文物保护法》第17条及第20条的规定,在全国重点文物保护单位的保护范围内进行其他建设工程作业的,必须经省、自治区、直辖市人民政府批准,在批准前应当征得国务院文物行政部门同意。全国重点文物保护单位不得拆除;需要迁移的,须由省、自治区、直辖市人民政府报国务院批准。考古勘探报告公路在此路段改道建设,避开遗址区。

5. 环境保护措施

鉴于公路选线设计方案因特殊情况无法完全避让柳湾遗址保护范围南部边缘的部分区域,应当调整公路建设范围,充分利用现有鲁大复线进行改造扩建,往南靠近兰西高速公路,尽量远离遗址的保护范围。

公路实施建设过程中必须保障柳湾遗址的安全,尽量减少对遗址历史风貌的影响,如有改线须及时通知文物行政部门,如果在施工过程中发现遗迹,施工方和工程业主方应及时通知文物行政部门并保护好现场,以便进行抢救性清理。

第十章

公路环境保护监督管理

《中华人民共和国环境保护法》明确了规定"谁污染谁治理"的责任,企业、事业单位和其他生产经营者应当防止、减少环境污染和生态破坏,对所造成的损害依法承担责任。地方各级人民政府应当对本行政区域的环境质量负责。所以,公路建设单位和运营管理单位应做好公路环境保护管理工作,并接受地方生态环境主管部门监督检查。

第一节　施工期环境管理

施工期环境管理的主要目的是落实建设工程中防治污染的设施和生态环境保护措施或对策,重要落实主体工程同时设计、同时施工、同时投产使用的"三同时"制度,使工程环境保护措施符合经批准的环境影响评价文件的要求,并执行地方生态环境主管部门指定工作的相关要求。通过有效管理,使公路建设工程对环境的不利影响降至最低,使工程经济效益和环境效益协调发展。

公路建设单位成立环境保护管理机构,并设环保管理部门,实施专项管理,负责公路工程建设期环境保护管理工作,其中主要负责建工程在设计、施工、试运营各个阶段的环保措施落实与管理工作,制定相关环保管理制度,制定施工期和试运营期环境管理计划(依据工程环境影响评价文件),以及环保文件档案管理工作。

建设单位严格执行环评审批制度,建设工程的环境影响评价文件未依法经审批部门审查或者审查后未予批准的,建设单位不得开工建设。建设单位如果发现建设工程的性质、规模、地点、采用的防治污染、防止生态破坏的措施发生重大变动的,建设单位应当重新报批建设工程环境影响评价文件。

建设工程的初步设计,设计单位应当按照环境保护设计规范的要求,编制环境保护篇章,落实防治环境污染和生态破坏的措施以及环境保护设施投资概算。设计单位应将经主管部门批复的环境影响评价文件提出的环保措施,落实到公路工程施工图设计中。

施工阶段环境管理,建设单位应当将环境保护设施建设纳入施工合同,保证环境保护设施建设进度和资金,并在工程建设过程中同时组织实施环境影响报告书、环境影响报告表及其审批部门审批决定中提出的环境保护对策措施。建设单位应与施工单位签订环境保护施工责任书,由各施工单位具体执行工程施工期各项环保措施和施工期环境管理计划的落实,并负责环保资料的收集和归档,为环保竣工验收和生态环境主管部门检查等提供相关的环保资料。

工程环境监理工作作为建设工程环境保护工作的重要组成部分,是建设工程全过程环境保护中不可缺少的重要环节,目的就是将国家有关的生态环境保护法律法规、环境质量法规、建设工程环境影响评价文件等要求贯彻落实到工程的设计和施工管理工作中。开展交通工程环境监理工作,对加强交通建设工程施工期的环境保护管理和监控,提高环境保护工作力度,保障交通基础设施建设的顺利进行,实现交通的可持续发展,具有重要的意义。对于重大公路工程或位于环境敏感区的工程,应独立开展工程环境监理工作,环境监理单位应具有环境监管实力的第三方机构,其他一般公路工程环境监理工作可纳入工程监理,总之,工程的环境监理工作将作为工程监理的重要组成部分,纳入工程监理管理体系。工程环境监理包括生态保护、水土保持、污染物防治等环境保护工作的所有方面。工程环境监理单位负责监督施工全过程环境保护措施的落实和施工期环境管理计划的执行。对工程环境监理内容要求,主要包括环保达标监理和环保工程监理。环保达标监理是使工程施工符合环境保护的要求,如噪声、废气、污水等排放应达到有关的标准等,环保工程监理包括生态环境保护、水土保持以及风景名胜区、水资源保护区等环境敏感区的保护,包括污水处理设施、声屏障、边坡防护、排水工程、绿化等在内的环保设施的监理。施工期的取土场、料场、施工营地的选定和改变,都需要施工单位、建设单位和当地环保部门共同到现场勘察,并对取土场、料场等选定的位置、面积进行备案,施工单位禁止随意变动和扩大使用面积。同时环境监理应编制宣传材料下发到施工单位,使他们理解环保的重要性和具体的工作程序、工作办法。在工程开工时,工程环境监理机构加强对工程施工期各标段施工人员、建设单位工作人员的环境保护培训工作,向宣传环境保护重要性和保护要求。对过往车辆的驾驶员、乘坐人员进行环保宣传,保护公路沿线的生态环境。

建设单位落实施工期环境监测任务,该环评要求也是建设单位易忽略的。应根据建设工程环境影响文件提出的环境监测计划,委托有相关资质的第三方机构开展环境监测工作,如噪声、水环境、大气、生态环境等,特别要重视涉及生态敏感区的生态监测任务。如果建设工程环境影响文件要求开展跟踪专项评价,应委托第三方具有相关实力机构开展生态跟踪评价工作,执行施工期监测观测计划。

《建设工程竣工环境保护验收暂行办法》明确建设单位是建设工程竣工环境保护验收的责任主体,应当按照本办法规定的程序和标准,组织对配套建设的环境保护设施进行验收,编制验收报告,公开相关信息,接受社会监督,确保建设工程需要配套建设的环境保护设施与主体工程同时投产或者使用,并对验收内容、结论和所公开信息的真实性、准确性和完整性负责。建设单位不具备编制验收调查报告能力的,可以委托有能力的技术机构编制。建设单位对受委托的技术机构编制的验收调查报告结论负责。建设单位与受委托的技术机构之间的权利义务关系，以及受委托的技术机构应当承担的责任，可以通过合同形式约定。验收调查报告编制完成后，建设单位应当根据验收调查报告结论，逐一检查是否存在验收不合格的情形，提出验收意见。存在问题的，建设单位应当进行整改，整改完成后方可提出验收意见。建设单位组织成立验收工作组，采取现场检查、资料查阅、召开验收会议等方式，协助开展验收工作。验收结论应当明确该建设工程环境保护设施是否验收合格。建设工程配套建设的环境保护设施经验收合格后，其主体工程方可投入生产或者使用；未经验收或者验收不合格的，不得投入生产或者使用。验收报告公示期满后5个工作日内，建设单位应当登录全国建设工程竣工环境保护验收信息平台，填报建设工程基本信息、环境保护设施验收情况等相关信息。同时，建设单位应当将验收报告以及其他档案资料存档备查。

第二节　运营期环境管理

公路运营单位应加强公路运营期交通环境保护工作，成立环境保护工作领导小组和环境保护管理机构，由专人分管环保工作。建立环境保护管理体制体系和环保档案管理工作。由专人维护公路环保设施正常运行，确保污染物达标排放，加强声屏障、污水处理设施、桥面和路面水环境风险收集系统正常运行管理和维护工作。加强公路绿化、路基边坡防护、弃渣场、取土场等生态恢复效果的养护工作。生活污水经处理后尽量回用，节约水资源。生活垃圾需送到当地政府指定地点进行处置，严禁随意倾倒。及时清理公路两侧垃圾，保持公路路容路貌。

制定公路环境风险应急预案，并向相关主管部门备案，开展环境风险应急演练，适时修订完善环境风险应急预案。按照工程竣工环境保护验收文件要求，委托第三方有相关资质单位开展运营期环境监测工作，若发生环境投诉和环境风险事故，应采取相关噪声、水环境和环境空气等环境应急监测。应根据交通量增加情况，开展沿线噪声跟踪监测，如果村庄等噪声敏感目标出现噪声超标，应及时采取防噪措施。建设工程投入生产或者使用后，按照工程环境影响评价文件要求，开展环境影响后评价，根据评价及时完善相关环境保护措施。

第十一章

公路环境风险应急

《突发环境事件应急管理办法》明确突发环境事件是指由于污染物排放或者自然灾害、生产安全事故等因素,导致污染物或者放射性物质等有毒有害物质进入大气、水体、土壤等环境介质,突然造成或者可能造成环境质量下降,危及公众身体健康和财产安全,或者造成生态环境破坏,或者造成重大社会影响,需要采取紧急措施予以应对的事件。

《中华人民共和国环境保护法》明确要求企业事业单位应当依照《中华人民共和国突发事件应对法》的规定,做好突发环境事件的风险控制、应急准备、应急处置和事后恢复等工作。企业、事业单位应当按照国家有关规定制定突发环境事件应急预案,报环境保护主管部门和有关部门备案。在发生或者可能发生突发环境事件时,企业事业单位应当立即采取措施处理,及时通报可能受到危害的单位和居民,并向环境保护主管部门和有关部门报告。

为预防和减少突发环境事件的发生,控制、减轻和消除突发环境事件引起的危害,规范突发环境事件应急管理工作,保障公众生命安全、环境安全和财产安全,公路建设单位和管理部门应加强公路环境风险应急体系建设工作,坚持预防为主、预防与应急相结合的原则。

第一节 环境风险事故影响

危险品运输事故主要有泄漏、火灾(爆炸)两大类。其中,火灾又分为固体火灾、液体火灾和气体火灾。

一、环境风险影响识别

根据《危险货物品名表》(GB 12268—2012)所列品种,主要常见的危险品涉及化工、石化、医药、纺织、轻工、冶金、铁路、民航、公路、物资、农业、环保、地质、航空航天、军工、建筑、教育等各个领域。按照《危险货物分类和品名编号》(GB 6944—2012),涉及爆炸品、压缩气体和液化气体、易燃液体、易燃固体、自燃物品和遇湿易燃物品、氧化剂和有机过氧化物、毒害品、感染性物品、放射性物品和腐蚀品十大类。由于危险品的性质复杂以及具有易燃易爆、有毒有害的特点,使得在运输过程中,稍有不当或疏漏,就会引发泄漏、爆炸和火灾等事故,将会对人民生命、财产、生态环境和社会安定造成重大危害,后果会十分严重。危险品运输隐患的特性如下。

(1)复杂性:危险品运输经过人口密度大、资产集中、环境特殊等特点的地区时,它的事故后果会更加严重,其预防和控制更为复杂。

(2) 分散性:危险品运输车辆具有分散性,危险品的种类、运输时间和线路都不确定,发生事故产生的影响程度也不同,难以控制。

(3) 运动性:危险品运输具有运动性,从一个地点到达另一个地点。

(4) 广泛性:伴随着社会经济的发展,各种物资、能量转换日趋频繁,各种危险品的运输密度越来越高,而且运输的危险品种类比较复杂,已经成为社会生活中广泛分布的危险源。

(5) 污染性:危险品运输事故往往伴随着严重的环境污染,有时对环境的影响时间会很长,潜在危害更严重。

施工期工程可能导致的环境风险事故类型主要有路堑爆破、料场爆破和隧道施工爆破炸药的残留物污染水质和油料泄漏。运营期主要为危险品运输车辆交通事故导致的危险品泄漏污染环境空气或对生态环境、水体、人群健康产生的危害。危险品运输车辆发生事故后,危险品泄漏污染环境,对人群健康将产生危害。由于公路运输危险品种类较多,其危险程度不一,因而交通事故的严重性及危险程度也相差很大。就危险品运输车辆的交通事故而言,运送易爆、易燃品的交通事故,主要是引起爆炸而可能导致部分有毒气体污染空气。最大的危害应该是当危险品运输车辆通过桥梁时出现倾翻,导致事故车辆掉入河中,从而使运送的固态或液态危险品如石油类、化工品等泄漏而污染河流水质。应重点识别和关注跨江跨河跨湖和穿越饮用水水源保护区等环境敏感区路段。

二、运营期环境风险发生概率

结合交通量对重要环境敏感路段进行危险品运输事故污染风险发生概率进行估算,对公路运输过程中的污染事故概率,按以下经验公式计算:

$$P = \prod_{i=1}^{n} Q_i = Q_1 \times Q_2 \times Q_3 \times Q_4 \times Q_5 \times Q_6 \tag{11-1}$$

式中:P——预测年敏感路段发生环境风险事故的概率(次/年);

Q_1——同类地区公路车辆交通事故平均发生率[次/(km·百万车)];

Q_2——预测交通量(百万辆/年);

Q_3——重点水域路段长度(km);

Q_4——货车占交通量的比例(%);

Q_5——危险品车辆占货车比例(%);

Q_6——车辆相撞翻车等重大事故占一般事故的比例(%)。

预测交通事故概率仅供公路管理部门参考,诸如此类事故一旦发生,其影响相当严重,应引起高度重视,要求管理部门做好环境风险应急计划,通过加强运输车辆和道路防护管理,将环境风险污染影响降至最低。

三、环境风险事故影响

施工期施工用油料相对较少,大部门施工单位采用油罐车运输或设小型油罐区;施工所需的炸药由当地公安武警部门定量供给,统一管理,一般不单独设炸药库。为防止风险事故的发生,油罐车或小型油罐区的停放和选址位置应远离水环境敏感区,以防发生泄漏污染沿线河流水质。油罐车和炸药的暂放地点应有专门人员看管,周围设置"禁止烟火"等警示标志。

运营期虽然危险品运输事故发生概率较低,但是一旦发生,由于其突发性、不可预见性,造成的环境破坏可能极其严重。在跨越水体或伴临水体路段,如果运输危险品的车辆发生倾翻等交通事故,会造成水质污染。油罐或货物火灾浓烟,也会对周围空气造成一定影响。一旦发生这种环境风险事故,将会对水环境、环境空气、生态环境等造成严重破坏。

四、风险事故防范措施和对策

为降低事故风险概率,减轻对环境的影响,应从工程和运输管理两方面采取风险事故防范措施。

在工程方面,对跨水体桥梁和伴行路段加装防撞护栏,以免事故车辆冲出桥梁;在两端设置警示标志,提醒驾驶人谨慎驾驶;安装事故报警电话,以便于管理部门在第一时间了解事态情况,并及时与所在地区公安、消防和环保部门取得联系,以便采取应急措施,防止污染事态扩大。加强对沿线跨河桥梁的巡视,尽量避免环境风险事故的发生。定期巡视检查,保证公路径流收集池长期保持清空状态,以备事故情况下污废水全部进入收集池。

在风险事故防范管理措施方面,公路管理部门应加强运输车辆管理,做好环境风险应急计划,对于突发性污染事故,防范和应急两手都要抓。首先应从工程、管理等多方面做好预防措施,以降低该类事故的发生率;其次,公路管理部门应高度重视事故是否发生,做好应急计划,把事故发生后对环境的危害降至最低。工程建设单位和运营管理单位应成立环境事故应急领导小组,并编制环境风险应急计划。一旦发生危险品燃烧、爆炸、泄漏或人员中毒等事故时,应急小组一方面及时控制污染现场;另一方面通知相关的机构,统一部署控制和清除环境污染。应加强危险品运输车辆行驶监控,严禁运输危险化学品车辆超速或低速行驶。大风、雨、雾等不良天气禁止危险品运输车辆上路行驶。

配备事故应急车,以便于危险品运输事故发生后,尽快赶到现场进行处理,确保突发事故可以得到及时处置。

第二节 环境风险应急体系建设

根据《国家突发公共事件总体应急预案》的要求,制定突发公共事件的应急处理。一是信息报告,特别重大或者重大突发公共事件发生后,要立即报告上级应急指挥机构并通报有关地区和部门,最迟不得超过4h。应急处置过程中,要及时续报有关情况。二是先期处置,突发公共事件发生后,在报告特别重大、重大突发公共事件信息的同时,要根据职责和规定的权限启动相关应急预案,及时、有效地进行处置,控制事态。三是应急响应,对于先期处置未能有效控制事态的特别重大突发公共事件,要及时启动相关预案,由上一级应急指挥机构统一指挥或指导有关地区、部门开展处置工作。现场应急指挥机构负责现场的应急处置工作,需要多个相关部门共同参与处置的突发公共事件,由该类突发公共事件的业务主管部门牵头,其他部门予以协助。四是应急结束,特别重大突发公共事件应急处置工作结束,或者相关危险因素消除后,现场应急指挥机构予以撤销。

根据《国家突发环境事件应急预案》《突发环境事件应急管理办法》《企业事业单位突发环境事件应急预案备案管理办法(试行)》的要求,公路建设管理单位应制定突发环境事件应急预案,加强环境应急能力保障建设。首先开展突发环境事件风险评估,确定环境风险防范和环境安全隐患排查治理措施,完善突发环境事件风险防控措施。在开展突发环境事件风险评估和应急资源调查的基础上制定突发环境事件应急预案,并按照分类分级管理的原则,报县级以上环境保护主管部门备案。定期开展应急演练,撰写演练评估报告,分析存在的问题,并根据演练情况及时修改完善应急预案。应当将突发环境事件应急培训纳入单位工作计划,对从业人员定期进行突发环境事件应急知识和技能培训。应当储备必要的环境应急装备和物资,并建立完善相关管理制度。如果发生突发环境事件,应当立即启动突发环境事件应急预案,采取切断或者控制污染源以及其他防止危害扩大的必要措施,及时通报可能受到危害的单位和居民,并向事发地县级以上环境保护主管部门报告。应急处置期间,应当服从地方统一指挥,全面、准确地提供本单位与应急处置相关的技术资料,协助维护应急现场秩序。根据情况开展有关应急监测,并做好事后环境恢复工作。

第三节　环境事件应急预案

公路运营管理单位应健全交通突发环境事件应对工作机制,科学有序高效应对突发环境事件,保障人民群众生命财产安全和环境安全,促进交通安全、环保、可持续发展。应根据相关法律法规和导则规范要求,结合公路交通特点,制定突发环境事件应急预案。

一、应急预案的指导思想和原则

突发环境事件应对工作坚持统一领导,按照事件严重程度分级负责,协调联动,快速反应、科学处置,资源共享、保障有力。坚持预防为主、预防与应急相结合的原则。突发环境事件发生后,交通部门立即自动按照职责分工和相关预案开展应急处置工作。本预案适用于公路建设单位和运营管理单位管辖的公路范围内发生的或可能发生的突发环境事件应对工作。

二、事件分级

公路环境事件主要为危险品在运输过程中发生泄漏、爆炸等危害的产生的环境污染和对人体健康威胁。按照事件严重程度,突发环境事件分为特别重大、重大、较大和一般四级。遵照突发环境事件分级标准《国家突发环境事件应急预案》附件1来划分。

三、组织机构和职责

公路运营单位应当落实环境安全主体责任,为保障紧急情况下的应急救援,单位应急组织机构由应急领导小组、应急领导小组办公室、现场工作组组成,其中应急领导小组全面负责单位的应急管理工作,是单位应对突发环境事件的最高应急指挥机构。现场工作组主要负责现场环境事故处置工作和配合地方政府应急。发生突发环境事件时,依环境事件的紧急程度、危害程度、影响范围、单位内部控制事态的能力以及需要调动的应急资源,由应急领导小组依据分级响应机制开展和实施具体应急处置工作。

应急领导小组职责为全面领导突发环境事件应急抢险救援工作,指导突发环境事件应急救援体系和制度建设;负责审定单位突发环境事件专项应急预案。负责突发环境事件应急救援工作的领导和重大方案的决策;协调地方政府做好有关应急联动工作,必要时请求外部增援;负责审核发布和上报的事件信息;负责批准本预案应急响应程序的启动和终止。

应急领导小组办公室职责为在突发环境事件应急领导小组的领导下,综合协调突发事件应急救援工作;接受事发单位事件报告,及时向应急领导小组汇报并传达应急领导小组指示,同时向有关部门通报事故情况;持续跟踪事故动态,协调组织有关部门及专家参与突发事件应急救援工作;组织召开会议,讨论和协调解决突发事件应急小组提出的要求;负责提出启动应急响应的,传达并落实工作指令;负责起草突发环境事件应急救援工作的相关文字材料;完成突发事件应急领导小组交办的其他工作。

抢险组主要依托公路养护救援力量,职责为负责按照方案抢救受伤人员,组织人员撤离到安全地带,设置警戒区域,疏通交通;根据突发环境事件影响范围,组织群众、现场无关人员紧急撤离、疏散到安全地带;负责控制现场,切断污染源,防止污染物扩散;负责分析现场情况及发展趋势,在确保人员生命安全情况下,组织力量抢险。

专家组职责为负责依据污染事件现场气象条件、污染种类、污染程度、污染危害范围、险情发展的趋势变化及提供的有关监测报告;进行科学的分析、判断,制定污染事件应急处置方案和阶段性的预防措施,经应急领导小组批准后由抢险组组织实施。

应急监测组职责为负责对污染事件现场及周边环境进行监测,开展污染现场布点监测,出具监测报告,确定污染物种类和浓度。

四、预测、预警发布和报告

预测:各级突发公共事件日常机构应建立科学的监测预报体系。定期排查环境安全隐患,开展环境风险评估,有计划地定期组织事故演练,增强应急救援队伍对突发事故现场的应变能力。对危险品运输的各环节事先编制预控方案,加强对重点部位的监控,指定专人负责检查落实情况,消灭事故隐患。当出现突发环境事件的情况时,要立即报告当地环境保护主管部门。及时开展环境监测,对风险信息加强收集、分析和研判。

预警:对可以预警的突发环境事件,按照事件发生的可能性大小、紧急程度和可能造成的危害程度,将预警分为四级,由低到高依次用蓝色、黄色、橙色和红色表示。各级突发公共事件领导小组应根据不同的预警级别作出相应的响应。

报告:健全危险货物运输突发事件的报告制度,明确信息报送渠道、时限、范围和程序,明确相关人员的责任、义务和要求,严格执行24h值班制度,保障信息渠道畅通、运转有序。突发环境事件发生后,本单位必须采取应对措施,并立即向当地环境保护主管部门和相关部门报告,同时通报可能受到污染危害的单位和居民。对于环境风险敏感路段,应再设置危险品运输事故报警提示标志,提示一旦发生危险品运输事故应拨打本单位应急指挥中心电话,以便过往人员及时报警,从而使有关地区和部门及时获知事件信息。交通系统的突发公共事件应急领导小组,应与相应省、市和县(区)级突发应急事件管理机构建立联动机制,以便及时获知事件信息,遵从突发应急事件管理机构的统一安排,采取相应应急措施。若交通部门率先获知危险品运输事件信息,应在立即报告消防部门、环境保护部门的同时,注意抢救人员和保护围观群众安全,避免造成再伤害事故,并协助公安部门维护现场秩序。

五、应急处置

预案启动与终止:由应急领导小组负责人根据现场情况判断预警级别,发布启动预警命令。预案启动后,应急领导小组的所有成员立即进入工作岗位,应急救援队各项抢险设施、物质必须立即赶赴事故现场,采取封堵、围挡、喷淋、转移等措施,切断和控制污染源,防止污染蔓延扩散。做好有毒有害物质和消防废水、废液等的收集、清理和安全处置工作。事件处置完毕后,也应当由应急领导小组负责人发布终止命令。基层单位接到报告后,在应急预案启动前,依据事件的严重性、紧急性、可控性,必须立即进行人员救助及其他必要措施,防止事故向附近蔓延和扩大。同时服从事发地人民政府统一调配,做好协助工作。

应急监测:加强大气、水体、土壤等应急监测工作,委托第三方监测机构,根据突发环境事件的污染物种类、性质以及当地自然、社会环境状况等,明确相应的应急监测方案及监测方法,确定监测的布点和频次,调配应急监测设备、车辆,及时准确监测,为突发环境事件应急决策提供依据。

事故现场区域划分:根据危险品事故的危害范围、危害程度与危险化学品事故源的位置,划分为事故中心区域、事故波及区及事故可能影响区域。一是事故中心区域,中心区即距事故现场 $0\sim500m$ 的区域。此区域危险化学品浓度指标高,有危险化学品扩散,并伴有爆炸、火灾发生,建筑物设施及设备损坏,人员急性中毒。事故中心区的救援人员需要全身防护,并佩戴隔绝式面具。救援工作包括切断事故源、抢救伤员、保护和转移其他危险品、清除渗漏液态毒物、进行局部的空间清洗及封闭现场等。非抢险人员撤离到中心区域以外后应清点人数,并进行登记。事故中心区域边界应有明显警戒标志。二是事故波及区域,事故波及区即距事故现场 $500\sim1000m$ 的区域。该区域空气中危险品浓度较高,作用时间较长,有可能发生人员或物品的伤害或损坏。该区域的救援工作主要是指导防护、监测污染情况,控制交通,组织排除滞留危险品气体,视事故实际情况组织人员疏散转移。事故波及区域人员撤离到该区域以外后应清点人数,并进行登记。事故波及区域边界应有明显警戒标志。三是受影响区域,受影响区域是指事故波及区外可能受影响的区域,该区可能有从中心区和波及区扩散的小剂量危险化学品的危害。该区救援工作重点放在及时指导群众进行防护,对群众进行有关知识的宣传,稳定群众的思想情绪,做基本应急准备。

监控部门:各监控分中心监控员接到信息应及时向基层突发事件领导小组报告,并实时跟踪、记录(电话、摄像、录像)。按突发事件领导小组指令在有关路段的可变情报标志、可变限速标志牌等发布信息,当交通恢复正常时,恢复这些装置的正常显示内容。

路政部门和养护部门:事发地基层突发公共事件领导小组应将事件情况按规定及时向上级汇报,并按要求启动应急处置预案,根据事件情况采取先期处置措施,按规定做好事发现场安全布控,积极抢救伤员,紧急疏散人员,转移重要物资,维护现场秩序。根据事发状态通知消防、卫生防疫、环保等相关部门,按危险品的类型采取相应的措施。做好相关纪录,及时上报事态进展情况。

六、危险品运输事故处置措施

一旦发生危险品运输事故,应根据危险品种类,及时采取相应措施。若在桥梁上发生危险品泄漏事故,应通知下游及河流主管部门,确保将危害降至最低。进入泄漏现场处理时,应注意安全防护,现场救援人员必须配备必要的个人防护器具。如果泄漏物是易燃易爆的,事故中必须严禁火种、切断电源、禁止车辆进入、立即在边界设置警戒线。根据事故情况和事故发展,确定事故波及区人员的撤离。如果泄漏物有毒,应使用专用防护服、隔绝式空气面具。为了在现场上能正确使用和适应,平时应进行严格的适应性训练。立即在事故中心区边界设置警戒线。根据事故情况和事故发展,确定事故波及区人员的撤离。应急处理时严禁单独行动,要有监护人,必要时用水枪、水炮掩护。控制泄漏源,采用合适的材料和技术手段堵住泄漏处。筑堤堵截泄漏液体或者引流到安全地点。储罐发生液体泄漏时,要及时堵住泄漏处,防止物料外流污染环境。向有害物蒸气云喷射雾状水,加速气体向高空扩散。对于可燃物,也可以在现场施放大量水蒸气或氮气,破坏燃烧条件。对于液体泄漏,为降低物料向天气中的蒸发速度,可用泡沫或其他覆盖物品覆盖外泄的物料,在其表面形成覆盖层,抑制其蒸发。将泄漏出的物料抽入容器内或槽车内;当泄漏量小时,可用沙子、吸附材料、中和材料等吸收中和。将收集的泄漏物运至废物处理场所处理。用消防水冲洗剩下的少量物料。冲洗水经处理后排入污水系统处理。

第十二章

公路网规划环境保护

《规划环境影响评价条例》明确要求国务院有关部门、设区的市级以上地方人民政府及其有关部门,对其组织编制的交通有关专项规划,应当进行环境影响评价,可以提高交通专项规划的科学性,预防、减轻规划实施可能造成的不良环境影响,切实从源头预防环境污染和生态破坏,促进经济、社会和环境的全面协调可持续发展。下面以某省道网规划环境影响评价为例,阐述公路网规划对环境影响和生态环境保护措施。

第一节　生态环境现状

一、土地资源现状

公路网规划所在区域面积广阔,自然条件复杂多样、区域差异明显,各地土地资源分布不均。其中,农用地面积 87.25 万 km^2,占全区土地总面积的 72.57%;建设用地面积 1.51 万 km^2,占全区土地总面积的 1.25%;未利用地面积 31.46 万 km^2,占全区土地总面积的 26.17%。其中,耕地面积 44.18 万 hm^2,占农用地总面积的 0.50%,主要种植青稞、小麦等;园地面积 0.16 万 hm^2,占农用地总面积的 0.0018%;林地面积 1602.84 万 hm^2,占农用地总面积的 18.39%;牧草地面积 7069.76 万 hm^2,占农用地总面积的 81.10%。

二、植被分布现状

该区境内南北跨 10 多个纬度,东西跨 20 多个经度,海拔高差超过 8000m,气候类型、地形地貌、降水分布、土壤条件等复杂多样,由此造成植被区系成分复杂,包括热带地带性雨林植被、山地寒温性森林、高寒植被、荒漠植被等多种类型。

在地理位置、地势和西南季风等的主导综合作用下,植被由东南(南)往西北(北)规律地更替。在喜马拉雅山脉主脊分水岭以南的高原边缘地区,特别是山麓地带,由于纬度偏南,地势较低,受西南季风影响强烈,气温高,降水充沛,发育着以常绿雨林和半雨林为特征的热带地带性植被。喜马拉雅山脉主脊分水岭以北的高原地区,地势显著升高,平均海拔由东南部的 3000m 左右逐渐过渡到羌塘高原的 4500m 以上;随着向高原内部的深入,西南季风的影响越来越弱,而西风环流和高原季风的影响逐渐增强,气候显现出向干冷变化的特点,因而植被也发生由亚高山针叶林—高山灌丛草甸—高寒草原—高寒荒漠的水平方向性替变和植被的地区差异。

它们这种分布的大致规律是:在东部三江峡谷区和藏东南高山峡谷区,河谷深邃,山体高耸,地形破碎,相对高差很大,气候温和凉爽,比较潮湿,属湿润至半湿润型,大面积分布着以山地和亚高山常绿针叶林为代表的森林群落；北东部地区，适处东南高山峡谷区向羌塘高原的过渡地带，平均海拔 4000~4500m，地势稍开阔，以中低山地和高原宽谷地貌为主，气候寒冷半湿润，广泛发育着高山灌丛和高寒草甸为主的植被；在藏南宽谷湖盆区，地势也较开阔，海拔一般在 4000~4400m 之间，气候温凉半干旱，主要分布着亚高山和高山灌丛与草原植被；在藏北羌塘高原地区，平均海拔高达 4500m 以上，地势开阔，山体浑圆，受西南湿润季风影响已很弱，气候寒冷半干旱，因而以紫花针茅和青藏苔草为优势的高寒草原形成了地带性植被景观；在西部地区，以高山宽谷和湖盆地貌为主，平均海拔 4300m 上下，气候冷温干旱至强干旱，其西南部地区广泛分布着荒漠化草原，而中、北部地区的地带性植被为小半灌木荒漠群落；在藏西北部高原，地势更高，平均海拔在 5000m 左右，以缓缓起伏的山地和高原湖盆地貌为主，气候极端寒冷和干旱，代表性的景观植被类型是以垫型小半灌木垫状驼绒藜为建群种的高寒荒漠。

三、环境敏感区分布现状

自然保护区是政府对有代表性的自然生态系统、珍稀濒危野生生物种群的天然生境地集中分布区、有特殊意义的自然遗迹等保护对象所在的陆地、陆地水体或者海域，依法划出一定面积予以特殊保护和管理的区域。自然保护区往往是一些珍贵、稀有的动植物种的集中分布区，具有典型性或特殊性的生态系统；或者是风光绮丽的天然风景区，具有特殊保护价值的地质剖面、化石产地或冰川遗迹、岩溶、瀑布、温泉、火山口以及陨石的所在地等。当地为了保护有代表性的自然生态系统、珍稀濒危野生生物种群的天然生境地集中分布区、有特殊意义的自然遗迹等，截至 2021 年底，先后建立各类自然保护区 28 个，其中国家级 11 个，自治区级 17 个。

我国森林资源十分丰富，拥有众多的原始森林，众多的森林资源造就了众多景观优美区域，为了对这些景观优美区域加以保护，该区在一些森林风景资源独特或保存较好的区域建立了国家森林公园。该区境内现有 9 处国家森林公园，总面积 132.96 万 hm^2，约占该区总面积的 1.10%。

由于高原特有的自然环境和气候条件，该区湿地生态系统及湿地资源丰富，各种类型湿地对保障高原乃至周边生态安全，维护生物多样性，改善高原生态环境具有重要意义。该区湿地类型按照我国的湿地分类，可分为天然湿地和人工湿地，其中，天然湿地包括河流湿地、湖泊湿地、沼泽湿地 3 大类 15 种类型，人工湿地有库塘、输水河 2 种类型。湿地面积 652.91 万 hm^2，湿地率为 5.35%，湿地保护率超过 50.0%。已经建立湿地类自然保护区达 11 处，国际重要湿地名录 2 处，国家湿地公园 6 处，涉及湿地面积 10.43 万 hm^2。

四、环境质量现状

根据环境状况公报，主要江河、湖泊水质状况保持良好，达到国家规定相应水域的环境质量标准。城市集中式饮用水水源地 19 处，饮用水水源地水质总体保持良好，均达到《地下水质量标准》(GB 14848) Ⅱ类标准和《地表水环境质量标准》(GB 3838) Ⅲ类水域标准。

根据环境状况公报，全区主要城镇大气环境质量整体保持优良，环境空气质量均达到《环境空气质量标准》(GB 3095) 二级标准。农村地区产业主要为农牧业，农村地区环境空气质量要明显优于城镇地区，整体环境空气质量良好。

根据环境状况公报，城市环境噪声声源构成中，道路交通、建筑施工、生活娱乐噪声仍占主导地位。农村地区无大型噪声污染源，噪声来源主要为农村生活噪声。农村地区昼夜环境噪声现状能够满足《声环境质量标准》(GB 3096) 中相应标准要求，整体区域环境噪声现状较好。

第二节　公路网规划建设环境影响

公路网建设具有线长、点多、面广、既通往城镇又伸向乡村等特点，对环境的影响范围大，涉及面广，而且贯穿公路建设和运营的全过程。公路建设可带动地区社会经济发展，带来公路沿线的自然环境和社会环境的变化，也会对生态环境、环境质量产生不同程度的影响，同时也会发生与资源、环境和人口之间的矛盾。

在公路交通对环境的污染方面，规划建设施工期的机械噪声将会对周围声环境产生一定影响，公路运营期的交通噪声会对沿线声环境敏感点产生一定影响。交通运输系统是 CO_2 排放的主要来源之一，因此，降低交通运输系统碳排放量对稳定温室气体在大气中的浓度至关重要。随着中国加入《京都议定书》，由交通运输引起的温室气体排放必须得到控制。特别是面对"双碳"目标，必须加强减污降碳举措。规划建设施工期的施工污水和运营期服务区等辅助设施的生活污水将会对周围环境产生一定影响。隧道工程施工将会对地质水文条件产生一些影响。若路线经过水源地也将会对水环境产生影响。交通环境风险不容忽视，特别是公路跨越水体和水环境敏感区时，危化品交通事故会对水环境产生一定影响。

在公路交通对资源的影响方面，路网公路工程主体占用沿线地区的土地资源，包括未利用土地、耕地、草地和林地等，被占用土地的原有功能将会长期甚至永久被改变。公路工程建设施工需要临时占用沿线地区部分土地,对这些土地的影响是短期的,随着工程施工的结束,这些土地的原有功能将逐渐被恢复。此外,省道的建设还会间接引起周边土地利用功能的变化,如省道的城镇化效应;公路建设搬迁居民的重新安置需要占用新的土地等。交通用地可能导致部分生态移民的出现,对社会稳定产生一定影响。

在公路交通对环境敏感区的影响方面,在路网规划布局中,部分路段路线穿越生态红线、自然保护区、森林公园、重要湿地、水产种质资源保护区、文物保护单位、水源保护区、风景名胜区等环境敏感区,对环境敏感区整体规划、敏感区功能、主要保护对象、保护要求等产生一定影响。

在公路交通对生态系统的影响方面,生态完整性是生态体系表现的良好状态,路网建设会引起区域生态系统的破碎化、异质化。由于改变生态系统空间分布的均匀程度和连通状况,从而使整个生态系统背景体系的功能发生一定变化。对植物群落结构、群落中的关键种、建群种、优势种,对重要野生动物物种分布,迁徙物种的主要迁徙路线,以及重要生境产生一定影响。

环境制约性方面,对于公路网规划而言,环境制约主要为"三线一单"环境分区管控,特别是自然保护区、森林公园、重要湿地、湿地公园、文物保护单位、水源保护区、风景名胜区、重要保护性野生动植物栖息地等生态红线。一方面存在法律上的障碍,另一方面对生态环境、资源、环境质量产生直接影响。

第三节　公路网规划布局环境优化

一、规划选线优化基本原则

由于公路网规划所在区域自然保护区等环境敏感区较多,同时地形、地质条件复杂,做好公路建设过程中的选线工作至关重要。从环境保护角度,避免环境制约因素和减少可能造成不良的环境影响,确定路线时要充分考虑环境敏感区等限制因素,尽量绕避。根据环境敏感性,划定公路路网的禁建区、限建区和可建区三类区域并提出环境管控基本要求,便于指导路网规划和公路项目更好保护环境。

公路禁建区:公路禁建区是指法律上明文规定,要求不允许新建、扩建任何建设工程的区域,包括自然保护区核心区、缓冲区和饮用水水源一级保护区、重点文物保护单位、风景名胜区的核心区、世界自然遗产、世界文化遗产等。

公路限建区:指法律上虽没规定禁止建设,但是在此类地区建设工程可能会对自然生态环境造成严重的影响,这类区域包括自然保护区实验区、饮用水水源二级保护区、重点生态功能区、国际重要湿地、中国重要湿地、地质公园、森林公园、风景名胜区一般区域、矿区、耕地等。

公路可建区:除了上述2类区域以外的其他区域。

根据以上三类区域的划分,及时调整公路网规划的布局,进一步增强公路交通发展的环境合理性。

规划选线调整的基本原则是:在公路选线过程中,必须避让禁建区,对于确实无法避让的路段,应开展相关专题论证,并征求相关部门的意见;尽量避让限建区,对于无法避让的路段,应进行相关论证,并征求相关部门的意见;按照全面、协调、可持续发展的原则,处理公路建设与资源节约、环境保护之间的关系,处理好公路建设部门的发展规划与其他相关部门的发展规划的关系;严格执行环境保护法律、法规,地方政府应在监督公路建设工程中严格执法,运用法律手段做好公路建设全过程的环境保护工作。鉴于公路网规划部分建设工程涉及自然保护区、风景名胜区、森林公园、饮用水源保护区等环境敏感区,公路网规划实施对局部地区的生态功能有一定的压力,存在一定冲突,应对其环境可行性进行充分论证,严格按照国家有关法律、规章制度进行调整、避绕。

二、涉及重要环境敏感区的规划优化方案

(1)公路网规划涉及自然保护区的路线优化方案。公路网规划共涉及11处自然保护区,其中7个国家级自然保护区和4个自治区级自然保护区。某公路荣玛—吉姆路段和丁固—察布路段线位南移,使线位远离羌塘国家级自然保护区的缓冲区;某公路线位无法避开羌塘国家级自然保护区,双湖—尼玛路段线位东移,可局部路线调出自然保护区,减少约100km穿越自然保护区;公路线位从色林错黑颈鹤国家级自然保护区东侧边缘穿越,线位东移避开自然保护区;受客观条件限制,某公路线位无法避开色林错黑颈鹤国家级自然保护区,香茂—尼玛、保吉—买巴、下过—申亚路段南移,可避开自然保护区核心区和缓冲区;受客观条件限制,某公路线位无法避开札达土林自治区级自然保护区,底雅—曲松段线位西移,避开自然保护区,可减少穿越保护区里程。受客观条件限制,某公路线位从麦地卡湿地自治区级自然保护区西侧边缘穿越,线位西北移,减少穿越自然保护区里程。根据目前羌塘国家级自然保护区、色林错黑颈鹤国家级自然保护区的保护范围和功能区调整的成果,保护区调整不涉及道路,即未将自然保护区内的公路调出自然保护区或调整功能区。雅江中游河谷黑颈鹤国家级自然保护区的保护范围和功能区

调整的成果中明确把横贯保护区的国道、省道、县道和乡道公路沿线两侧 20～50m 范围划出保护区。珠穆朗玛峰国家级自然保护区的保护范围和功能区调整的成果,考虑道路为保障国防建设、边境口岸建设和当地群众生产生活的需要,将横贯保护区的国道、县乡公路及边防公路均调出保护区。其中 20 条公路等因客观因素,无法避让羌塘国家级自然保护区、珠穆朗玛峰国家级自然保护区、雅江中游河谷黑颈鹤国家级自然保护区、西藏类乌齐马鹿国家级自然保护区、西藏色林错黑颈鹤国家级自然保护区、芒康滇金丝猴国家级自然保护区、雅鲁藏布大峡谷国家级自然保护区、札达土林自治区级自然保护区、西藏工布自治区级自然保护区、纳木错自治区级自然保护区、麦地卡湿地自治区级自然保护区 11 处自然保护的核心区和缓冲区,应按照《关于涉及自然保护区的开发建设工程环境管理工作有关问题的通知》(环发〔1999〕177 号)的要求,需要调整自然保护区功能区划,交通部门应与自然保护区主管部门早期介入开展自然保护区功能区划的调整及相关程序工作,同时应考虑国道网规划等其他公路网规划,一并解决涉及自然保护区问题。因客观因素,还有 5 条公路无法避让自然保护区实验区,对于无法避让实验区的路网,下一阶段工程环评时应向自然保护区主管部门征求意见。对于规划线位邻近自然保护区的路段,在工程设计阶段也应注意避让自然保护区。

为了避免因公路同时建设导致对自然保护区造成累积和叠加影响,属于社会经济发展的重要公路可优先建设,其余穿越自然保护区的路段可在后期五年公路交通建设规则中分期实施。

(2)涉及地质公园的路线优化方案。公路网规划共 5 条公路涉及 3 处地质公园,主要涉及易贡国家地质公园、羊八井国家地质公园、札达土林国家地质公园。受路网规划、地形地貌和地质公园地理位置等客观条件限制,路线线位无法避开地质公园,下一阶段工程环评时应向地质公园主管部门征求意见。为了降低在地质公园内工程集中建设对其影响程度,公路网实施应分期实施。

(3)涉及森林公园的路线优化方案。公路网规划共 4 条公路涉及 4 处森林公园,主要为巴松湖国家森林公园、色季拉国家森林公园、玛旁雍错国家森林公园和热振国家森林公园。受路网规划、地形地貌和森林公园地理位置等客观条件限制,路线线位无法避开森林公园,下一阶段工程环评时应向森林公园主管部门征求意见。

(4)涉及重要湿地的路线的优化方案。公路网规划共 2 条公路涉及 2 处重要湿地,主要为麦地卡国际重要湿地、当惹雍错国家湿地公园。受路网规划、地形地貌和湿地地理位置等客观条件限制,路线线位无法避开湿地,下一阶段工程环评时应向湿地主管部门征求意见。

（5）涉及风景名胜区的路线优化方案。公路网规划中 2 条公路涉及纳木错—念青唐古拉山国家级风景名胜区，某条公路穿越路段为既有四级油路，属于旅游公路，受客观条件限制，该线位无法避开风景名胜区。某条从风景名胜区西南边缘穿越，线位往西南方向调整。应按照《风景名胜区管理条例》的要求，注意避让相关风景名胜区核心景区，并通过对经过景区的公路进行景观设计，使公路与周围景观相协调，下一阶段工程环评时应向湿地主管部门征求意见。

（6）涉及饮用水水源保护区的路线优化方案。由于饮用水水源保护区范围小和路网规划线位不确定性等因素难于判断路网规划线位是否涉及水源保护区，根据《中华人民共和国水污染防治法》和《关于加强公路规划和建设环境影响评价工作的通知》（环发〔2007〕184 号）中要求，下一阶段工程路线设计时，线位应布设在取水口下游，若路线涉及水源保护区，线位应避让一级保护区，因客观原因无法避让二级保护区时，应向水源保护区主管部门征求意见。

（7）涉及文物古迹等文化保护资源的路线优化方案。由于文物保护单位范围小和路网规划线位不确定性等因素难于判断路网规划线位是否涉及文物保护单位，根据《中华人民共和国文物保护法》，若路线涉及文物保护单位保护范围，线位应避让，因客观原因无法避让的，应向文物主管部门征求意见，并开展文物勘探及发掘工作。

第四节　环境敏感区环境保护措施

（1）自然保护区保护措施。依据《中华人民共和国自然保护区条例》中规定"在自然保护区的实验区内，不得建设污染环境、破坏资源或者景观的生产设施""在自然保护区的外围保护地带建设的工程，不得损害自然保护区内的环境质量"等相关法律法规，对于路网规划中的穿越自然保护区的路段，在规划调整阶段，应进行多方案比选，选择尽可能避让和远离保护区的方案，尤其是避让自然保护区核心区和缓冲区。严禁在自然保护区范围内设置取弃土场等临时占地。对于涉及羌塘自然保护区、雅江中游黑颈鹤自然保护区等以野生动物为主要保护对象的自然保护区，应开展野生动物专题调查论证工作，依据调研结果提出有针对性的减缓措施。对于涉及色林错、麦地卡等以保护湿地为主的自然保护区路段，应在线位选址过程中尽量避免穿越湿地，如无法避免穿越湿地，应尽量采用"以桥代路"、增设桥涵、碎石路基等措施减缓公路对湿地水力联系的影响。对于涉及以珍稀野生植物或森林生态系统为主要保护对象的自然保护区路段，工程在选址过程中应尽量避免占压森林资源;同时应开展珍稀野生植物分布调查工作,依据调查结果提出有针对性的减缓措施。对于涉及札达土林、温泉等以地质遗迹为主要保护对象的自然保护区路段,工程在选址过程中应避开地质遗迹的主体地质区,同时应根据温泉的地下水补给规律提出相应的减缓措施。穿越自然保护区缓冲区和核心区路段应根据按照原国家环境保护总局《关于涉及自然保护区的开发建设工程环境管理工作有关问题的通知》（环发〔1999〕177号）的要求:"必须穿越自然保护区的(建设工程),特别是自然保护区的核心区、缓冲区内时,应对自然保护区的内部功能区划或者范围、界线进行适当调整"。穿越自然保护区实验区路段应根据《关于加强公路规划和建设环境影响评价工作的通知》（环发〔2007〕184号）文件"公路工程因工程条件和自然因素限制,确需穿越自然保护区实验区、风景名胜区核心景区以外范围、饮用水水源二级保护区或准保护区的,建设单位应当事先征得有关机关同意"的要求,建设单位应向自然保护区主管部门办理相关穿越自然保护区的手续。落实《关于进一步加强涉及自然保护区开发建设活动监督管理的通知》（环发〔2015〕57号）文件的要求,自然保护区属于禁止开发区域,严禁在自然保护区内开展不符合功能定位的开发建设活动。禁止在自然保护区核心区、缓冲区开展任何开发建设活动,建设任何生产经营设施;在实验区不得建设污染环境、破坏自然资源或自然景观的生产设施。建设工程选址(线)应尽可能避让自然保护区,确因重大基础设施建设和自然条件等因素限制无法避让的,要严格执行环境影响评价等制度,涉及国家级自然保护区的,建设前须征得省级以上自然保护区主管部门同意,并接受监督。对经批准同意在自然保护区内开展的建设工程,要加强对工程施工期和运营期的监督管理,确保各项生态保护措施落实到位。凡涉及国家级自然保护区的省级(市级、县级)管理的建设工程,要严格执行环境影响评价制度。工程建设单位应当参照《涉及国家级自然保护区建设工程生态影响专题报告编制指南(试行)》（环办函〔2014〕1419号）编制生态影响专题报告。

（2）敏感水体保护措施。《中华人民共和国水污染防治法》中规定:"禁止在生活饮用水地表水源一级保护区内新建、扩建与供水设施和保护水源无关的建设工程""禁止在生活饮用水地表水源二级保护区内新建、扩建向水体排放污染物的建设工程。在生活饮用水地表水源二级保护区内改建工程,必须削减污染物排放量"。《关于加强公路规划和建设环境影响评价工作的通知》（环发〔2007〕184号）要求:"新建公路工程,应当避免穿越……饮用水水源一级保护区等依法划定的需要特殊保护的环境敏感区。因工程条件和自然因素限制,确需穿越……饮用水水源二级保护区或准保护区的,建设单位应当事先征得有关机关同意。""公路建设应特别重视对饮用水水源地的保护,路线设计时,应尽量绕避饮用水水源保护区。为防范危险化学品运输带来的环境风险,对跨越饮用水水源二级保护区、准保护区和二类以上水体的桥梁,在确保安全和技术可行的前提下,应在桥梁上设置桥面径流水收集系统,并在桥梁两侧设置沉淀池,对发生污染事故后的桥面径流进行处理,确保饮用水安全。"《污水综合排放标准》(GB 8978—1996)中第4.1.5条:"GB 3838中Ⅰ、Ⅱ类水域和Ⅲ类水域中划定的保护区,GB 3097中一类海域,禁止新建排污口,现有排污口应按水体功能要求,实行污染物总量控制,以保证受纳水体水质符合规定用途的水质标准。"在下一阶段的路线规划调整过程中,对于已经划定饮用水水源地保护范围的水源地,应注意识别和避让饮用水水源一级保护区,尽量绕避至饮用水水源二级保护区之外。对于跨越敏感水体路段,尽可能降低跨越长度,尽量不进行涉水施工,施工期应安排在枯水期或平水期;保护自然水流形态,设置完善的"封闭式"路基排水和桥梁雨污水收集系统,避免雨污水和路面洒漏化学品排入水源地;桥梁设计必须考虑环境风险,避免交通事故污染该类水体。

(3)珍稀野生动植物保护措施。针对位于羌塘地区的部分公路,在规划实施过程中应提前开展野生动物专题调查论证工作,对藏羚羊、野牦牛、藏野驴等国家重点保护动物的集中分布区和藏羚羊迁徙通道进行识别。依据野生动物专题调查结果,在工可设计阶段尽量使线位选址远离珍稀野生动物集中分布区,并采取放缓边坡、增设桥涵等措施合理设置动物通道,减少公路对野生动物的阻隔效应。设置野生动物保护警示牌,降低车辆行驶对野生动物的影响。在野生动物分布较多的路段在施工期避免夜间施工,必需的照明设施采取定向聚光、遮光等措施以减少光污染。在野生动物迁移高峰期,不要安排在野生动物迁移途经区域施工或采取停工让行措施。合理设置动物通道,减少公路对野生动物的阻隔效应。对于涉及珍稀野生植物的路线,应提前开展珍稀植物分布调查工作,线位选址尽量避免占压珍稀野生植物;如无法绕避,在施工前应咨询相关专家对其进行移栽。

(4)多年冻土保护措施。由于青藏高原上,区域内多年冻土分布广泛,路网规划不可避免穿越多年冻土地区,因此,应重视对冻土的保护。选线时尽量利用现有道路或便道走廊带,减少公路建设对冻土的扰动。线路宜选在平缓、干燥、向阳的山坡地带,尽量避免顺着融冻区附近的多年冻土不稳定地段定线。对于通过多年冻土地带的公路,可以借鉴青藏铁路格拉段以及多年冻土地段公路建设的经验,在设计和施工中采取片石通风路基、片石通风护道、碎石护坡路基、热棒传导热量、以桥代路跨越冻土、通风管路基等主动保护冻土措施,以及保温材料、填土等被动保护冻土措施,以减轻和防止多年冻土退化。

(5)湿地保护措施。路网规划建设将会不同程度地涉及对各种类型(河流、湖泊、沼泽)湿地的影响问题,在规划实施过程中应高度重视公路沿线湿地保护。优化线位选址,新建路段尽量避免穿越湿地。对于涉及湿地的路段,应增加桥涵的数量;穿越湿地路段路基可换填透水性良好的砾石、砂砾等材料,加强对公路两侧水力联系。在条件许可的情况下,对穿越河流湿地的路段尽量采用以桥代路的形式跨越通过,尽可能降低跨越湿地长度。

第五节　节约资源措施

严格执行《关于加强公路规划和建设环境影响评价工作的通知》(环发〔2007〕184号)中的要求,公路工程建设应当尽量少占耕地、林地和草地,及时进行生态恢复或补偿。经批准占用基本农田的,在环境影响评价文件中,应当有基本农田环境保护方案。尽量减少施工道路、场地等临时占地,合理设置取弃土场和砂石料场,因地制宜做好土地恢复和景观绿化设计。做好路基土石方平衡,防止因大填大挖加剧水土流失。公路占地应严格按照《公路工程工程建设用地指标》相关限值进行设计;路网布线应优先考虑利用既有道路改良升级,或者尽量利用便道走廊带,以减少占地;设计阶段要做到少占用耕地,保护基本农田,充分利用荒山、荒坡地、废弃地、劣质地等后备土地资源;公路通过耕地、高覆盖度林地时,在保证路基能够满足涵洞和排洪等功能要求的前提下,应尽可能降低路基高度、收缩边坡、以桥代路等措施;充分遵循集约利用土地等原则,尽量利用已有道路作为施工通道,减少临时占地量;优化取弃土场,减少取弃土场的数量及占地面积;应用绿色节能新技术;合理利用施工废料,设计中应充分考虑对废弃材料的综合利用,如砂石等可用于填筑路基、作基础垫层,废混凝土材料可回收再生利用;公路建设严格依照《中华人民共和国土地管理法》《中华人民共和国森林法》《中华人民共和国草原法》《基本农田保护条例》等相关法律法规的规定依法办理征占耕地、林地和草地的审核手续;坚持资源节约、集约使用的原则,提高土地利用效率,充分利用现有交通廊道;对于占用农用地较多的规划工程,在工程具体建设过程中应当优化选线设计,尽量减少占地;对于占用基本农田应按规定程序进行报批,并根据"占一补一、占优补优"原则予以相应补偿与落实。

第六节　生态环境保护措施

公路网规划应重点关注对生态系统稳定性的影响，降低公路网规划实施对工程沿线生态系统环境的破坏。公路设计应在充分考虑社会发展实际需求的同时，避免可能会造成较大规模生物多样性破坏。工程环评提前介入原则，在工可设计阶段可依据环评优化线位选址，尽量避免穿越原生生态系统和珍稀动植物的栖息地。尽量利用老路走廊带或现有道路路基，减缓新开线位对生态系统的破坏。加强对公路沿线植被的保护，严禁乱垦乱伐；工程完工后做好植被恢复工作。在改扩建工程施工时，应尽量利用原有公路形成的料场、取土场、渣场、弃土场，以减少生态破坏。

根据地区地形地貌特点、植被水平垂直分布规律等条件，并结合区域野生动物的分布情况，对公路网不同路段提出相对应的生态保护措施。

藏东南高山深谷温带针阔混交林生态区，本区域位于藏东南山地区域，区域内植被主要以常绿阔叶林、暗针叶林等森林植被为主，在海边4000m以上为高寒草甸和灌丛草甸区。位于本区域的公路建设应主要考虑对森林植被和灌丛草甸植被的保护，减少林木的砍伐。公路边坡和临时占地的恢复应遵循宜林则林的方式采用乡土树种进行绿化。区域重点保护野生动物多为林栖类，如麝、白唇鹿、大小灵猫等，应加强对上述野生动物的保护。

藏北怒江源高寒草甸生态区，本区域位于藏东北那曲高原，植被主要以高寒草甸为主。位于本区域的公路建设应主要考虑对高寒草甸的保护，路基施工前应该注意先剥离表层土壤和草皮，并完好临时堆放，待路基修建完毕后，将表土和草皮覆于路基边坡或者平整后的料场。区域重点保护野生动物多为草原动物群，如藏原羚、雕、秃鹫等，应加强对上述野生动物的保护。同时应加强对高原沼泽草甸的保护，采取多设置涵洞和透水路基等方式降低公路建设对水力联系的影响。

藏南山原宽谷灌丛草原生态区，本区域位于藏南雅江、拉萨河等河流高原宽谷区，该区域为人类活动密集区，为地区农业区域。区域内植被主要以温性灌丛草原为主，在海拔3000m以上为高寒草原草甸分布。位于本区域的公路建设应主要考虑对工程沿线耕地和草地的保护，同时应注意对河谷风沙区域的保护，工程建设应尽量减少对耕地的占压，同时主要控制施工范围，并做好防沙治沙措施，防止对沙化土地的破坏。区域重点保护野生动物多以适应农耕动物群和草原动物群为主，如黑颈鹤、斑头雁、藏马鸡、藏原羚、藏野驴、雕、秃鹫等，应加强对上述野生动物的保护，尤其是应加强对黑颈鹤越冬地的保护。同时应加强对河流湿地的保护，采取多设置桥涵和透水路基等方式降低公路建设对湿地水力联系的影响。

藏西北高寒草原荒漠生态区，本区域位于藏西北阿里羌塘高原区域，该区域干旱少雨，人迹罕至。植被以紫花针茅、苔草等为优势的高寒草原和荒漠化草原为主。由于自然条件较为恶劣，人类活动相对较少，该区域为青藏高原有蹄类野生动物的主要分布区。位于本区域的公路建设应主要考虑对工程沿线藏羚羊、藏野驴、藏原羚、野牦牛、黑颈鹤、雕、兀鹫等野生动物的保护，同时应注意对戈壁荒漠区域的保护，降低工程建设引发的水土流失。对于公路线位位于羌塘自然保护区范围内应重点考虑公路建设对国家Ⅰ级重点保护野生动物藏羚羊的迁徙通道的影响。在工程实施前期，工程环境影响评价应开展工程沿线野生动物的专项调查，尤其是对藏羚羊的迁徙通道分布情况，并依据调查结果采取有针对性的减缓措施。

考虑到地区丰富的生物多样性以及高原生态环境的脆弱性，开展相关公路建设生态环境保护的前瞻性科学研究，如"公路建设对珍稀野生动植物保护技术研究""高原公路边坡植被恢复关键技术研究""高原公路野生动物通道设计"等，为预防和减缓公路网建设对高原生态环境的影响提供必要的科学依据。

参考文献

[1] 交通运输部.公路路线设计规范:JTG D20—2017[S].北京:人民交通出版社股份有限公司,2017.

[2] 交通运输部.2021年交通运输行业发展统计公报[EB/OL].[2022-05-25].https://xxgk.mot.gov.cn/2020/jigou/zhghs/202205/t20220524_3656659.html.

[3] 中国共产党第十八次全国代表大会.中国共产党第十八次全国代表大会报告[M].北京:人民出版社,2012.

[4] 中国共产党第十九次全国代表大会.中国共产党第十九次全国代表大会报告[M].北京:人民出版社,2017.

[5] 生态环境部.2021年全国生态环境保护工作报告[R].[2021-01-21].https://www.mee.gov.cn/xxgk2018/xxgk/xxgk15/202102/t20210201_819774.html.

[6] 中共中央,国务院.交通强国建设纲要[M].北京:人民出版社,2019.

[7] 中共中央,国务院.国家综合立体交通网规划纲要[M].北京:人民出版社,2021.

[8] 交通运输部.绿色交通标准体系(2022年)[EB/OL].[2022-08-18].https://xxgk.mot.gov.cn/2020/jigou/kjs/202208/t20220817_3666571.html.

[9] 交通运输部.推进交通运输生态文明建设实施方案[EB/OL].[2017-04-14].https://xxgk.mot.gov.cn/2020/jigou/zhghs/202006/t20200630_3319803.html.

[10] 交通运输部.关于全面深入推进绿色交通发展的意见[EB/OL].[2017-11-17].https://xxgk.mot.gov.cn/2020/jigou/zcyjs/202006/t20200623_3307286.html.

[11] 交通运输部.关于全面加强生态环境保护坚决打好污染防治攻坚战的实施意见[EB/OL].[2018-07-10].https://xxgk.mot.gov.cn/2020/jigou/zhghs/202006/

t20200630_3320224. html.

［12］ 交通运输部. 关于实施绿色公路建设的指导意见［EB/OL］.［2016-07-20］. http：//jtyst. zj. gov. cn/art/2021/9/10/art_1229006645_2356356. html.

［13］ 交通运输部. 公路"十四五"发展规划［EB/OL］.［2022-01-29］. https：// xxgk. mot. gov. cn/2020/jigou/zhghs/202204/t20220407_3649836. html.

［14］ 交通运输部. 绿色交通"十四五"发展规划［EB/OL］.［2022-01-21］. https：// xxgk. mot. gov. cn/2020/jigou/zhghs/202201/t20220121_3637584. html.

［15］ 环境保护部,中国科学院. 全国生态功能区划(修编版)［EB/OL］.［2015-11-23］. https：// www. mee. gov. cn/gkml/hbb/bgg/201511/t20151126_317777. htm.

［16］ 生态环境部. 2021年中国生态环境状况公报［EB/OL］.［2022-05-26］. http：//www. gov. cn/xinwen/2022-05/28/content_5692799. htm.

［17］ 李晓新. 高速公路施工及运营期间对环境的影响及预防措施［J］. 黑龙江交通科技,2011,208(6):279.

［18］ 李新生,尹志华. 公路工程施工对环保的影响及环保措施研究［J］. 交通节能与环保,2016,56(06):35-37.

［19］ 交通部公路科学研究院. 公路建设项目环境影响评价规范［M］. 北京:人民交通出版社,2006.

［20］ 许丹妮,姚瑶. 公路环境影响评价中运营期噪声源强的确定性研究［J］. 环境科学与管理,2013(06):177-186.

［21］ 侯祥. 公路建设中野生动物保护措施的研究［D］. 西安:西北大学,2011.

［22］ 陈爱侠. 荒漠化区域公路建设生态环境保护技术研究［D］. 西安:长安大学,2010.

［23］ 张杰. 降低高速公路噪声污染的措施［J］. 北方交通,2019(4):88-90.

［24］ 李帅,张相锋,石建斌,等. 蒙新高速公路对阿拉善荒漠区有蹄类野生动物生境适宜性的影响［J］. 生态学杂志,2018,37(1):103-110.

［25］ 秦万龙. "绿色公路"的建设及其存在的问题与对策［J］. 四川水泥,2022,312(08):64-66.

［26］ 杨周,黄帅,胡贵华,等. 绿色公路建设管理经验分析——以长益高速扩容工程为例［J］. 内蒙古公路与运输,2022,189(03):43-47.

［27］ 李廷山,李磊,姜毅润,等. 公路建设生态环境保护促进高质量发展探析［J］. 交通节能与环保,2022,90(04):138-141.

［28］ 吴林隆. BGY高速公路公司突发事件应急管理优化研究［D］. 重庆:重庆工商大

学,2022.

[29] 黄宇哲.基于"创建绿色公路、打造品质工程"景观绿化设计研究——以广西融水至河池高速公路为例[J].绿色科技,2022,24(09):70-76.

[30] 何彦芳,梁晓华,赵侣璇,等.广西高等级公路环境风险防范措施现状及对策研究[J].西部交通科技,2022,177(04):200-202.

[31] 张沧海,赖波,王学军,等.两种野生动物通道桥设计方案[J].公路,2022,67(05):154-158.

[32] 熊亚兰.一般公路的环境影响评价要点分析[J].资源节约与环保,2022,245(04):16-19.

[33] 窦慧丽,刘媛媛,陈哲,等.基于全生命周期的绿色公路建设分析[J].建设科技,2022,449(06):74-76+79.

[34] 杨允.基于生态环保理念的绿色公路路线设计应用分析[J].工程建设与设计,2022,472(02):24-26.

[35] 许红海.新形势下高速公路建设项目环境保护管理对策[J].西部交通科技,2021,170(09):201-203.

[36] 李广龙.公路景观绿化工程设计[J].山东交通科技,2021,185(04):96-97+101.

[37] 李园园,李乐.探讨生态敏感区公路环境影响后评价问题[J].黑龙江交通科技,2021,330(08):225+227.

[38] 陶玥琛.客土喷播防护路堑边坡的植被恢复与坡面侵蚀特征研究[D].广州:华南理工大学,2021.

[39] 沈艺.公路项目环境影响评价要点浅析[J].皮革制作与环保科技,2021,36(12):170-171.

[40] 邢伟明,孟银.基于生态恢复的高速公路景观绿化设计分析[J].住宅与房地产,2021,615(18):100-101.

[41] 张宁.公路项目生态红线冲突与改善建议——以辽河国家公园为例//世界交通运输大会执委会.世界交通运输工程技术论坛(WTC2021)论文集(下)[C].北京:人民交通出版社股份有限公司,2021.

[42] 张君翼,张乙彬.公路环境保护与环境影响分析[J].黑龙江交通科技,2021,328(06):203+205.

[43] 贾胜勇.绿色公路理念在高速公路设计中的实践[J].交通世界,2021,570(12):21-23.

[44] 侯德萌.基于环境选线原则的公路路线设计[J].交通世界,2021,570(12):74-75.

[45] 鲁彬彬.绿色公路理念在高速公路设计中的实践[J].河南科技,2021,746(12):103-105.

[46] 王文同.新疆沙漠公路施工环境保护效果评价研究[D].长沙:长沙理工大学,2021.

[47] 李廷山,李磊,姜毅润,等.公路建设生态环境保护促进高质量发展探析[J].交通节能与环保,2022,90(04):138-141.

[48] 乌云飞,阮帮贤,张朝辉,等.西南山区高速公路弃渣场选址及设计方法[J].公路,2022,67(05):67-74.

[49] 师建飞.高速公路施工中绿色环保技术的应用[J].中国公路,2022,608(04):104-105.

[50] 刘紫燕.泉州公路的减碳实践[J].中国公路,2022,606(02):66-67.

[51] 江勇,李涌泉,刘正陶.生态保护在公路改建工程中的实践——以省道434线榆林宫至磨西公路改建工程路线方案为例[J].林业建设,2021,222(06):85-90.

[52] 贾春峰.山区高速公路生态修复与景观营造关键技术研究[R].太原:山西路桥建设集团有限公司,2021.

[53] 许红海.新形势下高速公路建设项目环境保护管理对策[J].西部交通科技,2021,170(09):201-203.

[54] 王诗哲.关于绿色公路建设的思考[J].北方交通,2021,341(09):92-94.

[55] 张南童,刘勇,陈铭.溧高高速公路环境监测与防治技术研究[J].交通世界,2021,582(24):13-14.

[56] 段君淼.公路建设中的生态环境问题及保护措施——评《生态友好型公路建设与地质环境问题研究》[J].环境工程,2021,39(06):214.

[57] 张君翼,张乙彬.公路环境保护与环境影响分析[J].黑龙江交通科技,2021,328(06):203+205.

[58] 何洋,陈戈,陈智寅.高速公路声敏感点降噪措施改善研究[J].四川环境,2021,193(01):143-150.

[59] 李晓刚,丁姣月,张景禄,等.青藏高原冻土地区公路施工中的环境保护技术[J].交通节能与环保,2021,81(01):79-83+104.

[60] 卢林果,柴庆刚,荣军,等.综合降噪技术在新泰至宁阳高速公路中的应用研究[J].交通节能与环保,2021,81(01):74-78.

[61] 孙书平,武韬.自然保护地内修建高等级公路问题探讨[J].林业建设,2021,217(01):12-16.

[62] 冯阳,李亚琪,周原庆,等.高速公路建设中的生态恢复与环境保护[J].资源节约与环保,2021,230(01):19-20.

[63] 扎桑,王莉,孟强,等.拉林高等级公路路域野生动物保护技术研究[J].公路交通科技(应用技术版),2020,191(11):354-357.

[64] 吴旭涛,赵华庆.高速公路穿越水环境敏感区环保措施探讨[J].公路交通科技(应用技术版),2020,191(11):358-360+383.

[65] 李云涛.公路路域野生动物分布格局与生境选择研究[R].南宁:广西交科集团有限公司,2020.

[66] 唐琳.公路生态防护及环境保护施工对策探析[J].科技资讯,2020,581(08):51-52.

[67] 王学峰,李奇峰.公路项目"无害化穿(跨)越"的建设思路[J].公路,2020,65(03):224-228.

[68] 朱高儒,赵科,刘杰,等.公路网规划生态冲突与协调研究——以青藏高原三江源地区为例[J].首都师范大学学报(自然科学版),2020,183(04):57-63.

[69] 李广涛,刘长兵.公路建设项目生态环境评价方法研究进展[J].四川环境,2009,28(04):55-59.

[70] 李广涛,吴世红.大武至久治(省界)段公路扩建工程环境影响报告书[R].天津:交通运输部天津水运工程科学研究所,2013.

[71] 林宇,李广涛.青藏公路格尔木至拉萨段改建完善工程环境影响报告书[R].天津:交通运输部天津水运工程科学研究所,2006.

[72] 陈会东,李皓菁.运三高速公路三门峡黄河大桥工程环境影响报告书[R].天津:交通运输部天津水运工程科学研究所,2008.

[73] 陈会东,李广涛.三门峡至淅川高速公路卢氏至西坪段工程环境影响报告书[R].天津:交通运输部天津水运工程科学研究所,2012.

[74] 煤炭工业太原设计研究院.国家高速公路网荣成—乌海公路山西境灵丘—山阴段环境影响报告书[R].太原:煤炭工业太原设计研究院,2012.

[75] 林宇,李广涛.鹤岗至哈尔滨高速公路伊春至绥化段工程环境影响报告书[R].天津:交通运输部天津水运工程科学研究所,2008.

[76] 李广涛,吴世红.国道318线川藏公路(西藏境)102滑坡群整治工程环境影响报告

书[R].天津:交通运输部天津水运工程科学研究所,2010.

[77] 李广涛,冯志强.海省西海(海晏)至察汗诺公路工程环境影响报告书[R].天津:交通运输部天津水运工程科学研究所,2017.

[78] 李广涛,李皑菁.五常至科右中旗高速公路松原至通榆段工程环境影响报告书[R].天津:交通运输部天津水运工程科学研究所,2018.

[79] 李广涛,冯志强.青海省民和(甘青界)至平安(小峡)段公路环境影响报告书[R].天津:交通运输部天津水运工程科学研究所,2015.

[80] 李广涛,黄伟.西藏自治区省道网规划(2014年—2030年)环境影响报告书[R].天津:交通运输部天津水运工程科学研究所,2014.

[81] 李广涛,胡建波.G109那曲至拉萨段公路改建工程环境影响报告书[M].天津:交通运输部天津水运工程科学研究所,2016.

[82] 李广涛,金辉虎.国家高速公路网荣成—乌海公路山西境灵丘—山阴段竣工环境保护验收调查报告[R].天津:交通运输部天津水运工程科学研究所,2015.

[83] 李广涛,林宇.攀枝花至田房(川滇界)公路竣工环境保护验收调查报告[R].天津:交通运输部天津水运工程科学研究所,2013.

[84] 李皑菁,李广涛.武西高速公路桃花峪黄河大桥项目环境影响报告书[R].天津:交通运输部天津水运工程科学研究所,2009.

[85] 许刚,李广涛.国道主干线(GZ40)二连浩特—河口陕西境户县经洋县至勉县公路竣工环境保护验收调查报告[R].天津:交通运输部天津水运工程科学研究所,2010.

[86] 李广涛,许刚.鹤大国家高速公路佳木斯至牡丹江段扩建工程竣工环境保护验收调查报告[R].天津:交通运输部天津水运工程科学研究所,2014.